在心理治疗中寻找迷

心理医生讲故事

XINLIYISHENG JIANG GUSHI

李震 著

哈尔滨出版社

HARBIN PUBLISHING HOUSE

图书在版编目（CIP）数据

心理医生讲故事 / 李震著. — 哈尔滨：哈尔滨出
版社，2024.2
ISBN 978-7-5484-7745-7

Ⅰ. ①心… Ⅱ. ①李… Ⅲ. ①心理学 – 通俗读物
Ⅳ. ①B84-49

中国国家版本馆CIP数据核字（2024）第047911号

书　　名：心理医生讲故事
XINLIYISHENG JIANG GUSHI

作　　者：李　震　著
责任编辑：滕　达
装帧设计：和衷文化

出版发行：哈尔滨出版社（Harbin Publishing House）
社　　址：哈尔滨市香坊区泰山路82-9号　　邮编：150090
经　　销：全国新华书店
印　　刷：北京建宏印刷有限公司
网　　址：www.hrbcbs.com
E – mail：hrbcbs@yeah.net
编辑版权热线：（0451）87900271　87900272
销售热线：（0451）87900202　87900203

开　　本：880mm×1230mm　1/32　印张：11　字数：232千字
版　　次：2024年2月第1版
印　　次：2024年2月第1次印刷
书　　号：ISBN 978-7-5484-7745-7
定　　价：98.00元

凡购本社图书发现印装错误，请与本社印制部联系调换。
服务热线：（0451）87900279

目录

育儿篇

其他篇

育儿篇

一个不堪重负的9岁女孩

　　一天中午,我到小儿内科监护室会诊了一个9岁女孩。该女孩,上小学四年级,因"下巴颤抖、两手抖动两天"入院。

　　该女孩入院后,颅脑核磁共振及腰穿等检查、化验结果均正常。

　　我按照我的看病思路进一步了解到:既往无心理、精神病史,病前无感冒史,自幼无癫痫发作史,无精神病家族史。

　　我的内心予以初步评估:既然平时与同学及小朋友交往较好,可以排除儿童孤独症;既然平时学习成绩都在95分以上,可以排除精神发育迟滞。

　　我予以精神现状检查:接触稍被动,意识清,定向力佳,对答切题,神情紧张,语音很低。回答称,其妈妈对其要求很严格,每天早晨五点半必须起床背诵课文、课外短文、诗歌等，一直感觉很累。近一周，快期末考试了，每晚做作业做到十点半左右，就感觉更累了。回答在平时遇到焦虑紧张的情景时，也会出现下巴颤动或两手抖动的现象。回答于五天前，开始持续出现下巴颤抖、两手抖动，但是，当集中精力讲话或做其他感兴趣的事情时，下巴颤抖、两手抖动会不知不觉地自动消失。回答从下巴颤抖开始，上课听讲听不进去，下课做作业也做不进去了。未测及感觉障碍、知觉障碍、感知综合障碍，未测及思维联想障碍、思维逻辑障碍、思维内容障碍，未测及人格转换，注意力、记忆力、智能正常，情感紧张，意志活动减退，自知力部分存在。

该女孩对妈妈强制自己早晨五点半就起床背诵文章的做法是反感的，是不情愿的，但是，因为惧怕妈妈，所以只好一直被动服从。

这种没有兴趣的被动服从，逐步成了该女孩内心巨大的压力。近一周，每天做作业做到十点半，令她更感疲累不堪、心力交瘁。但是，不论自己感到多么疲惫，该女孩都不敢反抗妈妈的专断权威，如此一来，就把大量无法忍受的负性情绪压抑到潜意识里去了。

潜意识是人的"真我"，具有保护自己的作用。当该女孩压抑的负性情绪让她实在不堪重负时，聪明的潜意识就让她的身体出现"故障"：

下巴颤抖——就可以变相逃避背诵；

两手抖动——就可以变相逃避做作业。

如此一来,该女孩就可以从学习的"煎熬炼狱"中暂时摆脱出来,躲到医院里来"休息休息"。

心理学上有个原则:问题孩子,必有问题家长! 如果该女孩的"神经质"妈妈不反思改变,该女孩的潜意识下一步就很有可能让她表现得"麻木、呆滞",甚至就很有可能使她住到精神病医院里去,以彻底脱离学习之事。

紧箍咒

一天，在朋友的"盛情难却"之下，我下午下班后跟着朋友去家中给他朋友的初三孩子做咨询。

该初三男生放学回家后，满不在乎地对大家放出豪言壮语："谁也管不了我，我愿意干什么就干什么，我给他（其父亲）留着面子呢。再不老实，我就找人教训他！"

"哦，小小的年纪，竟然就如此无法无天了？"我心中思忖道。

不怕天，不怕地，敢把天宫捅个窟窿的代表人物是谁呢？

齐天大圣孙悟空！

面对顽劣不化的孙猴子，智慧无限、法力无边的如来佛祖是如何教化他的呢？

《西游记》第八回："如来又取出三个箍儿，递与菩萨道：'此宝唤做紧箍儿。虽是一样三个，但只是用各不同，我有金、紧、禁的咒语三篇，假若路上撞见神通广大的妖魔，你须是劝他学好，跟那取经人做个徒弟。他若不伏使唤，可将此箍儿与他戴在头上，自然见肉生根。各依所用的咒语念一念，眼胀头痛，脑门皆裂，管教他入我门来。'"

故，纵然是法力无边、智慧广大的如来佛祖，遇到不听话、不服管的孙猴子，也不得不使用强制性的惩罚手段，而非单纯的苦口婆心的"心理疏导"。

那么，大慈大悲的观音菩萨是如何落实如来佛祖的惩罚手段的呢？

《西游记》第十四回："我那里还有一篇咒儿，唤做'定心真言'，又名做'紧箍儿咒'，你可暗暗的念熟，牢记心头，再莫泄漏一人知道。"

观音菩萨把如来佛祖的紧箍咒，美其名曰为"定心真言"，如此，就成了这样的局面：惩罚野猴是手段，让他顽劣躁动的心安定下来才是目的。

如此这般，才能让"扫地恐伤蝼蚁命，爱惜飞蛾纱罩灯"的慈善唐僧明白：该念紧箍咒的时候，必须要狠下心来念——唯有念得愈狠，疼得愈烈，孙猴子才能改得愈彻底。这样，才是对孙猴子好。只有这样，才会令顽劣不堪的孙猴子真正成长为一心修佛的孙行者，进而，才会令孙行者修得正果。

如来佛祖与观音菩萨给孙猴子戴一个"紧箍"，就是要以此强制手段来控制他那无法无天的顽劣思想,以此来导引这只野猴身上的非理性因素,强迫他接受文明的教化,借以断除他身上的原始野性,不断完成他的"人化"和"社会化"过程。

《西游记》中的"紧箍咒"这一意象,揭示了家长的强制性惩罚手段在孩子成长过程中的巨大作用。这个手段,是每个孩子由自私顽劣到文明理性的教化过程中必要且必需的!

这个惩罚"紧箍",何时去掉呢?

孙悟空成佛之后,顽劣的心魔没有了,作为强制性惩罚手段的"紧箍"也就自然没有了。即,当孩子已经成长为一个平和、理性、阳光、大度、幽默的成年人时,这种"紧箍"自然消失了。

望子成龙的转学

一天，一对夫妻带着其上小学四年级的儿子来就诊。

妈妈直截了当地说明了来就诊的原因：

为了给孩子提供一个较好的教育环境，三个月前，他们将儿子从当地乡镇中心小学转至市内某全托小学学习。结果呢，孩子很不适应，学校的老师建议他们带孩子来看看心理医生。

除此之外，夫妻两个再也提供不出关于儿子心理问题的有价值的信息。

孩子回答说：一开始他也同意转学，很高兴地来到城里的新学校。然而，他到了新学校，一个星期后就没有了新鲜感。在宿舍里，他上铺的同学每天都向他索要东西，他不给就会被欺负打骂。而且上铺的同学威胁他不能告诉老师及家长，他吓得天天提心吊胆。再加上他本来就对学习不感兴趣，学习压力很大，上课怕被提问，怕考试时考倒数第一。如此一来，这个新的全托制学校就成了他痛苦煎熬的"监狱"。

如此一来，孩子就很怀念原先的学校：可以下课后与同学痛快地玩耍，可以回到家看电视、上网，也可以天天对着母亲撒娇、耍无赖。

孩子诉说：每天早晨，他在宿舍里醒得最早。醒后，他就静悄悄地坐在床上看着窗外发呆。父母周末来看望时，孩子多次要求再回到原先的学校，但都被他的爸爸武断、粗暴地拒绝了。

后来，孩子时常头疼、肚子疼，越来越孤僻少语。学校老师看到其精神状态越来越不好，特别担心孩子的心理健康问题，强烈建议家长带孩子到心理门诊看看。

直到这时，孩子爸爸才明白了自己孩子的内心真实想法。

孩子爸爸说他们两口子在镇上开了一家饭店及一家百货商店，平时很忙，没有时间照顾孩子，孩子放学后就光知道玩，自己作为父亲也不懂教育，就只会严厉地训斥。孩子的妈妈本来就是急脾气，生意忙碌了就更急躁，也没有心思管教孩子，很多时候都是放任自流。孩子尽管每天都很快乐，但是学习成绩却越来越差。于是，他们为了给孩子创造良好的学习条件而在别人的建议下给孩子转了学。

我对该孩子的诊断：适应障碍。

我对这对父母的心理疏导要点：

第一，古人讲的"严父慈母"与现代心理学中的育儿心理理论是很吻合的，强调父亲要像鹰，具有坚强、冷静、阳光、坚韧、宽容、大度等阳刚气质；母亲要像鸽子，具备温柔、勤劳、细腻、平和、善良、安详等柔美气质。这样的父母营造的家庭成长氛围，才会造就"树大自然直"的优秀孩子。否则，孩子的情商成长就会有很多偏颇。

所以，对于此类孩子的心理治疗，首先要做家庭治疗，让家长必须意识到"教育孩子比挣钱更重要"，必须意识到"先有问题家长，后有问题孩子"，然后反思、改变自己，多陪孩子，从内心信任孩子。而后，孩子就会相应做出改变。

第二，从孩子懂事时就要教育孩子明白：每个人都是平等的，不能被别人侵犯自己的尊严及身体。一旦有人欺负自己，必须要反抗，必须要告诉家长、老师。

要令孩子做到：我们不欺负别人，但是，别人也不可欺负我们。

要令孩子明白：内心的强大比身体的强壮更重要，更令别人尊重。

第三，给孩子再转学回到原先的学校，然后系统地做心理咨询。孩子的头疼、肚子疼症状，是因为孩子内心累积的郁气无处宣泄，转化为身体上的不适症状。如果让孩子继续在那个梦魇般的环境里生活，孩子的精神状况很快就会出问题，到了那种程度，就必须采用药物治疗，纠正起来也会特别难。

最终，我又强调：

父母如果不改变，就会出现：

本来是望子成龙，

最终却望子成虫。

孩子，

不但成不了千里马，

反而成为瘦弱马了。

一个"腹痛难忍"的高一男生

某天上午,我到消化内一科病房会诊了一个 15 岁高一男生。该男生因"腹痛难忍 20 天"入院。其入院后,进行了胃镜、肠镜、彩超、CT 等多项检查,结果均正常。如此,就确切排除了腹痛的器质性病因。经验丰富的王庆才主任考虑到可能是心因性腹痛,因而,请心理科医生会诊以协助诊疗。

该高一男生,是他父母的第二个孩子,他还有一个比他大五岁的姐姐。因为家里人存在一定的重男轻女思想,所以,该男生出生后,爷爷奶奶及爸爸妈妈都十分欢喜,对该男生的溺爱真的做到了——

捧在手里怕摔了,

含在嘴里怕化了!

该男生的母亲，生性谨小慎微、懦弱怕事，自然对该男生更是格外关注，一旦孩子稍微哭了、痛了，对她来说就像是天大的事一样，立即予以极大的热情去对孩子又哄又抱。

他母亲如此过分呵护与关注，时间久了，次数多了，就强化了该男生对痛感或不舒服感的敏感性，降低了该男生对痛感或不舒服感的阈值，以至于，该男生稍有不适，就会放大、夸大自己的痛苦难受，甚至时常感觉难受得无法忍耐。

在两岁时的一天，该男生突然感觉"腹痛难忍"，一家人心急火燎、手忙脚乱地把孩子抱到村里的赤脚医生那里。村医怕孩子太小耽误病情，随即建议他们到城里的大医院就诊。一家人以最快的速度把孩子送到了某大医院的急诊科，各项检查结果均正常。但是，该男生却表现得就是"疼痛难忍"，而且，一直持续疼了五天才缓解。出院时，该医院的医生勉强给予的诊断是"腹型癫痫"。

如此"大病一场"之后，家人们对他更加溺爱无度了，尤其是不让他与别的同龄孩子打闹玩耍。这样一来，他通过与同龄人交往以学习人际交往能力及提高情商的途径就让家人完全堵塞了。

自幼被溺爱无度的孩子，一般会养成极端的个性。

不幸的是，该男生六岁时，其父亲意外死亡。之后，家里的其他长辈对该男生就更加关心、呵护了。尤其是他那内心脆弱的母亲，因为胆小怕事，在外边很少与别人交流心事，回到家里，就把她遇到的家里、家外的孬事都倾诉给该男生听，几乎每次都以哭腔对该男生嘱咐："妈妈太不容易了，你一定要好好学习，别让人家看不起……"

如此一来,她在该男生的心里就深深地埋下一个理念:如果他学习不好,就是对不起妈妈,就是个坏孩子!

该男生,从上小学四年级开始,在学校里只要遇到学习困难或学习成绩稍差,就会出现像两岁时的"腹痛难忍"症状。然而,具有戏剧性的是,当他"腹痛难忍"时,只要离开学校回到家里,疼痛感立刻就减轻了许多。这种腹痛,在他初三、初四时,随着课业难度越来越大,发作的次数越来越频繁了。

该男生当年的中考成绩945分,考取了所在县最好的高中。整个暑假期间,他在家里表现得轻松快乐。28天前,高一上半学年正式开学,该男生仅听了四天课,就明显感觉到高中的课程学习起来很吃力,"腹痛难忍"的感觉随之而来,一直持续到现在。

俗言:

在家靠父母,

在外靠朋友!

一个人,当遭遇困难挫败而郁闷痛苦时,需要他人的支持、劝慰这个缓冲系统去调整与平衡情绪,具体到这个男生:

第一,"在家靠父母"这个缓冲系统,因为父亲去世太早及母亲太懦弱感性而无用;

第二,"在外靠朋友"这个缓冲系统呢,因为他情商太低,根本就没有朋友帮助而无效。

既然没有了情绪的缓冲系统,该男生遇到困难、挫折,就只能压抑在心里，就只能独自扛着，就只能"腹痛难忍"。

父母，是孩子个性培育的关键塑造师。该男生的敏感、懦弱、孤僻的个性，完全是由他那懦弱、感性的母亲造就的。当然，他的母亲也是无辜、无能、无助的。

"温和育儿"与"冷酷育儿"

　　有一个母亲,是心理学博士,在西安某高校任心理教研室主任,科研、论文成果均高产,一直自视甚高、自信满满。因而,她在家中、单位,就有意无意地表现得很强势、很权威。

　　她有了女儿后,为了显示出自己高超的心理学水平,只要面对女儿,就总是会刻意地、冷静地、理性地思考"此时应当如何按照心理学的标准去教导孩子"。以至于她的女儿从小到大,总是感觉自己的妈妈冷冰冰的、高高在上的,不敢像别的孩子那样对着妈妈恣意地调皮、撒娇;不敢委屈的时候趴在妈妈温暖的怀抱里痛快地大哭;不敢像别的小朋友那样疯狂地玩耍、打闹。她的女儿表现得比同龄孩子过早懂事,过早听话,完全按照冷酷妈妈设计好的程序,刻板地、无趣地一步步地走。

在小学阶段，该孩子确实成绩斐然，文化课、特长课都出类拔萃，别人也都信服地夸奖她的妈妈真不愧是"研究心理"的。

如此一来，她的妈妈也就更加自负地坚信自己的教育方法是绝对科学与正确的了。因而，到了孩子的初中阶段，妈妈为训练孩子而"设计的程序"就更加细致、严谨了。而且，孩子的中考成绩也的确特别的好。

孩子上了高中后，她的妈妈更加"变本加厉"地给孩子"设计训练程序"，认定孩子这样下去，肯定会考上清华或北大。

然而，随着高中课程难度的加大、教学进度的加快，孩子越来越无法做到妈妈设计的貌似无懈可击的"科学育儿程序"，而她那貌似睿智的妈妈，便更加冷酷、严厉地要求女儿。

很快，学习对女儿来说成了痛苦的折磨。女儿一提起学习就忧愁，一想到妈妈就紧张，越来越惧怕学习，越来越反感妈妈。

如此这般，孩子的学习成绩开始直线下降，她与妈妈的关系也相应地每况愈下。

母女俩，本来是天底下最亲近的关系，却变得剑拔弩张、水火不容。终于，高二上学期，女儿留下一封信，离家出走了。

举世闻名的行为主义心理学派创始人约翰·华生，曾经自负不羁地发出豪言："给我一打健全的婴儿，把他们带到我独特的世界中，我可以保证，在其中随机选出任一个，都能训练成为我所选定的任何类型的人物——医生、律师、艺术家、商人，或者乞丐、窃贼，不用考虑他的天赋、倾向、能力、祖先的职业与种族。"

1928年约翰·华生出版了《婴儿和儿童的心理学关怀》一书。在这部书中,他倡导了一种"行为矫正式"的儿童养育体系,把孩子当作机器一样训练、塑造和矫正。

行为主义者的理想国就是一个彻底程序化了的、光秃秃的、没有情感的世界。在这个世界里,人不再是神圣的精神存在,而是冷冰冰的机器存在,环境怎么塑造和训练,就输出什么样的结果。华生认为对待儿童要尊重,但是要超脱情感因素,以免养成依赖父母的恶习。

这本书,在当时改变了美国儿童的养育实践,整整一代儿童,包括他自己的孩子,都是在这种风格的教养实践中长大的。

事实上,华生本人的家庭成员被训练得如何呢?

就在华生在学术圈名声大噪之时,他痛苦郁闷的大儿子雷纳却背叛了行为主义而学习了精神分析,成为精神分析学家。也许是童年匮乏情感的创伤太严重,精神分析也未能拯救雷纳,以致雷纳曾多次自杀未遂,后来在三十多岁时自杀成功而身亡。

华生与其前妻的两个孩子也一直生活得不好,女儿多次试图自杀,儿子一直流浪,靠华生的施舍才能生活。

倡导并践行"行为主义婴儿训练法"的华生家族,育儿的悲剧,同样在第三代延续:在华生的外孙女玛丽特的记忆中,妈妈玛丽沉默易怒,秘密酗酒,并曾经多次试图自杀。

玛丽特自己也是酒精成瘾者,并多次考虑自杀。

我中学时期曾经有一个同窗六年的男同学,他有两个弟弟,而今，兄弟三人最差的是博士。我们都出生在偏远的农村，他的母亲应当是没读过什么书的。但是，他的母亲却特别心平气和，对孩子、别人总是慢言细语，遇到困难总是或积极解决，或平和地放弃。他的母亲从来没有辅导过孩子的学习，或者说，对孩子的学习从来没有关注过，给孩子的只是自然、平和的慈爱。这位母亲温和的慈爱，令兄弟三人的内心有安全感，令兄弟三人的内心没有压力，令兄弟三人能静心学习，令兄弟三人能自然而然地学会遇到学习问题时能像母亲那样平和地面对、解决。

精神分析理论认为，在"以婴儿为中心"的母婴关系里，婴儿天然的自主的微笑，能激荡起母亲的喜悦，继而使母亲发自内心地对婴儿微笑。婴儿夜半啼哭，母亲哪怕在另一个房间，也会立即醒来冲过去抚慰婴儿。此类温和、平和的母亲，以婴儿的感受为中心，与婴儿共振，给予积极的回应与关注。

拥有如此母爱，孩子的全能自恋就能得到较充分的满足，心智就会自然向前健康发展，逐渐把自己和外部世界分开，不仅仅关注自己，也开始关注别人——爱向内灌注满了，才会自然流向外界。这就是所谓的"主体客体分化"。完成这种分化后，婴儿对世界有一个最基本的信任，将来不会在遇到挫折时就想要毁灭一切。

在这样的母爱环境下长大的孩子，很自然地会成为心理学所说的"自我实现"的人——他会发自灵魂深处地对生命充满热情和创造力，与人为善，同时会坚定地捍卫自己的权利与幸福。

作为"具有社会性的动物"的人类，对每个个体来说，物质需求的满足相对简单，精神需求的满足则是复杂的。而这个精神的需求方面，与孕育并抚养自己的母亲关系至深。

至深是多深呢？

以上仅以"温和育儿"与"冷酷育儿"说明之。

后 记

当下，对于育儿，大家都极其重视。

育儿的思路很简单：

必须要先"成人"，在此基础之上——

如果智力很高，自然成才；

如果智力一般，起码是个快乐的、正常的普通人。

因材施教之"千里马与病态马"

人类把马分为三类品质：千里马、普通马、劣等马。

孔子把人分为三等天分：上等人不教也会，中等人教导才会，下等人教也不会。

当代心理学家把人的智商也分为三种：智力超常，智力正常，智力低下。

故而，古今中外皆公认：人与人之间的天资、能力就像"千人千面"一样，是有很大的差别的。正是基于这个差别，古人总结出：

对孩子应当"因材施教"。

曾有一个初一男生的妈妈来心理门诊咨询："班主任抱怨我的孩子有问题，因为在老师们面朝黑板书写板书时，孩子就自动站起来替老师讲解；老师面朝学生时，孩子就坐着低头乱画画玩乐。

但是,我的孩子却总是考得特别好。"

如此这般,这个初一孩子有什么心理问题呢?

如果说该孩子有问题,那么,这个孩子的"问题"就是:

这个孩子,属于"不教也会"的智力超常学生,或者说,这个孩子在智力方面是一匹"千里马"。

在心理门诊遇到的更多的情况是:家长与孩子都愁眉不展地共同来就诊。此类愁苦孩子,天赋智商普通,属于普通马。然而,此类孩子因为从上小学起就很努力,很听话,所以小学时期的成绩挺好,以至于家长就误以为自己的孩子特别聪明,坚信自己的孩子就是千里马。待孩子升入初中后,此类家长就会自然而然地期待、要求孩子考得更好。

此类智力普通的孩子,上初中后,尤其是上初三后,即使很努力,学习成绩也顶多处于中上游水平。此时,对孩子盲目拥有高期望值的家长,就会出现对孩子以后学习成绩的担心、焦虑,就会盲目通过增加学习时间及参加业余辅导班等方式去提高孩子的学习成绩。结果呢,孩子却仍然成绩平平或者反而逐步下降。然而,家长却不明就里,更自以为是地去"帮助"孩子请名师等,大有不把孩子培养成千里马就誓不罢休的气势。结果呢,此类被苦苦相逼的孩子,不但成不了"千里马",连"普通马"的水平也没有了,成了"病态马"。而造成孩子成为"病态马"的元凶,就是表面上最疼爱孩子的家长。

在孩子小时候恰当地因材施教,孩子长大后就会扬长避短地去发挥自己的能力。比如，《三国演义》中厚黑的刘备、勇猛的张飞、足智多谋的孔明也是依靠各自的天赋而发展自己的能力：

厚黑的刘备无法与足智多谋的孔明比聪明才智；足智多谋的孔明无法与厚黑的刘备比跪求人才；勇猛的张飞无法与前两者比厚黑与智谋，但是，他的勇猛善战却又是前两者所望尘莫及的。

再比如，物理学天才爱因斯坦如果去与列夫·托尔斯泰比文学，那肯定是蹩脚的；让他去与乔丹比打篮球，也必然是小儿科的。

所以，我们中国的家长的确应当反思一下了：

思考什么是孩子真正的成功；思考什么是孩子真正的幸福；思考如何对自己的孩子真正地做到因材施教。

养了个"逆子"

一天,一位虽年仅55岁却已满头白发、满脸皱纹的男士,愁眉苦脸、唉声叹气地来咨询儿子的事宜。

他的独子今年31岁,爷爷奶奶、父亲母亲对其自幼溺爱无度,加之该独子天生白皙俊秀,他的家长们对他真的是完美无缺地做到了"捧在手里怕摔了,含在口里怕化了"。

如此一来,该独子俨然成了家里的"皇帝",把天赋的聪明才智全用在了对家长们的"装疯卖傻"、任性妄为上:"吃鸡不杀鸭子。""让家长们上东不能上西,让家长们追狗不能撵鸡。"

俗言不俗:没有规矩,不成方圆。

该独子没有"严父",也就没有规矩,也就养成了自私自利、任性妄为的坏习性。

没有规矩，不按规矩做事，也就没有自控力，而自控力恰恰是一个人逐步长大成人的首要标志。如果没有自控力，人的心理年龄就不会成长，人就永远是一个不懂事的小孩子。人就不会按规矩学习，就不会按规矩交友，就不会按规矩工作。

该独子上学没上好，辍学后，天天在家上网玩耍。十多年来，亲朋好友们苦心积虑地给他找了多份工作，皆干不了三天就找各种借口回家玩耍了。近几年，他干脆再也不出去工作了。

30多年来，他的家长们为他的学习及工作问题操碎了心。四年前，他的母亲久郁成疾，某一天急火攻心，突发脑出血瘫痪在床。但是，他仍然丝毫不为所动，若无其事地上网玩耍，认为他母亲有病不关他的事。有次他父亲催他必须去找工作挣钱时，把他催得恼羞成怒了，对他父亲怒目而吼："我不工作关你什么事？"

俗言：养儿防老。该家庭却费尽心血地养了一个"逆子"，非但不能防老，孩子30多岁了，仍然不懂事理地在"啃老""骂老"。

何以至此？

《三字经》里的至理名言：子不教，父之过。家长们一味地溺爱无度，把好端端的一个天生俊秀伶俐的好孩子，娇惯纵容为一个没有规矩、任性妄为、自私自利的"逆子"！

故，育儿，尤其是孩子情商的培育，对父母来说，乃天大的事！一旦把孩子教育成"逆子"，对一个家庭来说，就是塌天的事！

穷者怪父，达者爱父

每个人，尤其是青少年，为了维护自己那可悲、可叹、可怜的自尊心：

一旦学习不好，

一旦工作不顺，

一旦挣钱不多，

一旦……

他（她）就自然、必然地去怨天尤人，尤其是针对这人世间自己最最亲爱的父亲：

埋怨父亲以前打骂自己，

抱怨父亲没挣下大钱，

责怪父亲没有权势，

哭诉⋯⋯

然而，反之，倘若这个青少年各方面都比较顺达，那么，他（她）就自然而然地有了较好的自尊心、虚荣心，就会：

感谢父亲对自己的严厉管教，

笑谈父亲没挣下大钱，

无视父亲没有权势，

感恩⋯⋯

故而，吾，作为心理医生，处理亲子关系的理念之一就是：

几乎不与孩子谈论父亲的问题，而是想方设法去找孩子的优点、亮点，鼓励、支持他（她）把当下的宝贵时光，勇于用于去做正事，进而，就会自然而然地提升自己。一旦他（她）提升了自己，成为"达者"——

就有了高的站位，

就有了大的格局，

就有了高的自尊⋯⋯

进而，他（她）就自然而然地不去怨天尤人，就自然而然地不去责怪他（她）那最最关爱自己的父亲。

一个否认有学习压力的高三女生

　　某天，神经内科的杨申主任转诊到心理门诊一个 18 岁的高三女生。该女生主诉：双下肢不适、小腹疼痛、阵发性乏力一个月。

　　该女生给我的第一印象是：特别严谨而认真！当我询问病史时，她对我的每一句问话，都要三思之后再回答，对我的回答内容总是一而再地纠正。

　　比如，当我提及"阵发性乏力"这个症状时，她立即反驳："不是乏力，而是⋯⋯"她一时想不到用确切的言语表达她的真实感受，努力思考了一会儿才说："上来那一阵，感觉就像刚干完很累很累的体力活一样没有力气。"

　　比如，我予以解释："你这些身体的不适感，都是心理上长时间学习压力太大而导致的身体上的躯体化症状。"

"不对,不对,我没有学习压力,我身体上的难受不是学习压力引起的。您是医生,必须给我解释清楚我的身体为什么会难受。"该"天真"女生急切地质问我。

此时,我看看时间,已是上午 11:25,距离上午下班还有五分钟时间,我心中暗想:这孩子的自我防御太强,平时对自我的压抑太厉害,以至于坚决否认自己有学习方面的压力。对这种孩子,如果不给她解释明白,她是不会信服的。没办法,那就牺牲我的下班时间耐心给她解释解释吧。

我平和地说:"全国的高三学生都有压力,区别只是压力的轻重程度不同而已。一般来说,越是学习好的孩子,心中唯恐会考不好,压力也就越大;越是学习差的孩子,心中知道自己肯定是考不好的,压力也就比较小。你一直学习很好,肯定也会有担心考不好的压力啊。"

该女生轻轻地点了点头,静静地注视着我,防御、抵触情绪开始有所缓解。

"因为,学习是必须要付出努力的事,只要努力学习,就会有压力;只要有明确的学习目标,就会有压力;只要担心学习名次下降,就会有压力。"我趁热打铁地继续疏导她。

"但是,那些目标是老师要求的任务啊!"该女生回答道。

"有任务就有压力啊,有大任务,就会有大压力……"我顺着话题继续予以疏解心结。

此时,该女生的脸上,两行热泪无声无息地流淌了下来。没有啜泣，没有呜咽，更没有号啕，该女生只是静静地任凭两行清泪自由地流淌。

此时，在她流泪的脸上，在她依然貌似倔强的神情中，我分明看到了她努力掩饰的脆弱的心灵。

在这种悲伤情绪的笼罩下，一个人的自我防御是很差的，更容易不设防地宣泄出平时压抑的情绪。于是，我顺势问道："你感觉哪门功课学得比较困难啊？"

"物理！"该女生不假思索地答道。

"既然你爸爸说你数学几乎都是考满分，就说明你的智商是很高的。数学是理科之王，你的物理，应当也与数学一样学得很好才对啊？你分析过物理学得不好的原因吗？"

"分析过，感觉物理看不懂题干！"此时，该女生的抵触情绪已经完全没有了。

"题干中，每句话都隐含着一个或两个已知条件。当你感觉看不懂题干时，可以再仔细揣摩一下每句话到底给出了什么已知条件，然后，把所有的已知条件都列出来，再看看套用哪些公式……"

"嗯，嗯……"该女生开始低声啜泣起来，也开始接过妈妈递过来的纸巾，柔和缓慢地擦眼泪。

"老师让每个学生把自己下个月提高的目标、梦想的大学写到一张纸片上，然后，再粘贴到教室里的四面墙上，让每一个学生都看到。我下一步提高的目标与梦想的大学同学们都知道了，如果完不成，多丢人啊！"该女生开始诉说她真正的压力来源。

"这是老师的一种督促、激励方法，你已经是班里的前三名，同学们都很羡慕你，怎么会有人取笑你呢……你再重点补习一下物理，轻松快乐地学，没问题的。"我继续疏导道。

该女生自幼天资聪颖，高中之前，学习一直是班里的第一，所以，一直是在赞扬声中长大的，自然而然地导致其自尊心、虚荣心特别的强。她就一直想维系自己在别人心目中那种完美无缺的好孩子形象，也就一直不想让别人说自己不好，更不想让别人说自己有学习方面的压力。

她在维系完美形象的过程中，有意无意地压抑了很多负性情绪，当压抑的负性情绪太多，多到成为令她不能承受之重时，就转化为身体上的难受，成为心身症状。然而，这些心身症状，因为是功能性的，没有器质性病因，所以，到医院检查不出任何身体的疾病。但是，该女生的主观感觉就是很痛苦的，因此，就被父母带着频繁到当地大医院及省城济南的大医院反复就诊。

其实，到大医院反复就诊的过程，就是她无意识地逃避学习的过程。因为她聪明的潜意识会给她一个貌似合理的充分理由："我为何会考不好？因为我生病了，我的时间都浪费在看病上了！"

所以，在意识层面，她就会否认自己有学习压力，否认自己的身体难受是心理压力太大导致的身体的躯体化症状。

我给该女生简单开了一点副作用最小的抗抑郁药物，以活跃她内心郁闷的情绪。

最后,我特意暗中单独嘱咐其爸爸:对于自幼如此要求完美的孩子,心理上承受挫折打击的能力特别差,必须暗中注意观察孩子的情绪波动,严防出现想不开的意外行为。

疏导完这个"顽固不化"的女学生,时间已经是中午 12：15,看着一家三口如释重负地离开心理诊室,我如释重负!

爱慕升华

　　某天，一个美丽窈窕的初四女生，在妈妈的陪伴下，主动要求来找心理医生寻求心理帮助。

　　她柔和地把她妈妈推出我的诊室，独自羞怯地、一脸绯红地讲出她的困惑：

　　她特别喜欢她的同桌男生，在她眼里，该男生特别聪明，特别帅气，在内心爱慕已久。一天，当她鼓足勇气向该男生表达了爱慕之情时，该男生却不假思索地说他在上大学之前，不会喜欢任何女生，心中只有努力学习，他说只有考上好的大学，才会有资本找好的女朋友。

　　尽管同桌如此直截了当、干脆利落地拒绝了她，然而，她却仍然义无反顾地深深地喜欢该同桌"男神"，唯恐同桌再找了别的女生当女朋友。因之,她烦恼不已。

面对该情窦初开的"大胆"女生,作为心理医生,我该如何去快速有效地疏导她呢?

我略加思考,予以简快认知领悟疗法:"既然你同桌心无旁骛地一心努力学习,既然你同桌坚定不移地把谈恋爱的事放到上大学以后,那么,你就把对他的爱恋转化为勤奋学习的动力,与他同步起来,一起考上同一所高中,一起考取同一所大学,这样,上大学后再去追求他……"

该聪慧女生边听边思索,神态慢慢地平和了下来。

从发展心理学讲,孩子步入青春期后,在性激素这个内在驱动力的作用下,爱欲开始进入孩子的内心,使他们萌生了恋爱的冲动。

继而,他们很天然、很本然、很自然地出现性冲动、性幻想,开始做梦,进而去爱慕追求异性。

此时的少男少女——

那些有爱欲没胆量的,开始了暗恋;

那些有爱欲有胆量的,开始了明恋;

那些有爱欲但太传统的,开始了对性梦、性冲动的自责。

此时的少男少女,血气方刚,在旧社会,在原始部落,不用压抑纠结爱欲,就自然而然地开始结婚生子了。而在现代文明社会,少男少女的年龄却正处于一生中学习知识的最关键时期,肯定不能像旧社会、原始部落那般去结婚生子。然而,面对如潮水般暗流涌动的青春期冲动,少男少女们该如何应对呢?

转化升华——

把狂野不羁的负向能量,转化升华为勤奋学习的正向动力!

支撑自己的天

　　一个 13 岁初三男生,因感觉"姥爷去世后塌了天"在别处心理机构咨询了五六次,未见效果。某天下午,他在别人建议下来心理门诊找我咨询。

　　对于该男生的咨询思路,我想弄明白的因果问题是:

　　第一,是谁给他灌输的"人生需要一个人去做支撑他的天"?

　　该男生告诉我,他姥姥经常说:"你姥爷是支撑我生命的天,也是支撑你生命的天。"

　　第二,为何姥爷是支撑他的天?

　　该男生告诉我:"因为种种原因,我自幼就远离了爸妈,是姥爷姥姥把我带大的。记忆中,我与别的孩子打架吃了亏,都是我姥爷帮我去出气的;我每次生病,都是我姥爷背着我去医院看病的;

偶尔闯了祸，都是我姥爷帮我去摆平的……所以，我姥姥时常对我说姥爷就是我的天。两年前，慈祥的姥爷去世了，我的天就塌下来了，我就没有安全感了，就感觉没有活下去的意义了。"

我对该男生的疏导要点为：

第一，每个人，在小时候，因为弱小无知，他的抚养人就是他的天，给他遮风挡雨，给他解决吃喝拉撒睡等基本的存在需求。但是，每个人，随着年龄的不断增长，随着身体的不断强壮，随着心智的不断成熟，自己应当逐步建立起支撑自己的天，自己应当逐步减小弱化抚养人为自己支撑的天，直至长大成人——完全摆脱抚养人为自己支撑的天，建立起自己就是支撑自己的天。从而，一个人才能把强大的自信心建立在自己的心里。这样，人才有真正的自信，才有真正的勇气，才有真正的放松。今天，你已经13岁了，你已经是小小的男子汉了，应当建立起支撑自己的小小的天了。即使你姥爷还活着，你也不应当再把年老力衰的姥爷当作自己的天了！

第二，你自幼由你姥爷姥姥抚养长大，你与你姥爷姥姥之间隔着一代人，代沟太大，受姥爷姥姥的世界观、人生观、价值观的影响太大。现在，你必须通过多与同龄人交往，把姥爷姥姥在耳濡目染、潜移默化中带给你的世界观、人生观、价值观逐步淡化，培养出属于现代年轻人的阳光、开朗、充满朝气、张扬、自信、大度、幽默的个性。

该男生悟性很强，专心地听完我的解释，仿佛得到了重生，点头自语："说得对，我应当建立起支撑自己的天了！"

一个麻木的强迫症男生

一天，一个大学男生在爸妈陪伴下，因"控制不住地重复洗手、洗澡四年余"来心理门诊就诊。

我一听，就不假思索地将该男生诊断为典型的"强迫症"患者。对于强迫症，诊断很简单，治疗却很复杂，需要对强迫症状追根溯源，需要对治疗过程中改变的认知不断予以巩固强化。

一开始，一家三口都同时与医生在一起交流时，该男生表现得很抵触，装作呆呆傻傻的样子，对我提出的任何问题都平淡、懈怠、抵触地回答："没有啊。""不知道啊。"

每个人，在内心里，都渴望与别人交流，都渴望别人懂自己，都渴望别人是自己的知音。青春期的孩子亦然。然而，当青春期的孩子把自己的烦恼、问题、困惑与父母交流时，如果得到的却是父母那或武断或粗暴或训斥的回应,孩子就会觉得与父母的交流,非但没有用处,反而令内心更加郁闷,那么,此后,孩子就会在父母面前封闭自己的心事,即使父母主动问自己,他也只是对父母予以简单的敷衍塞责。

如此这般,考虑到该男生有些话可能不方便守着父母说,于是,我建议与该男生单独交流交流。

父母离开后,该男生立马表现得判若两人,能简洁而中肯地侃侃而谈他的问题。其中,他对他爸爸的评价为:"我爸爸在我小时候,曾经当了一个不大的官,真的不大,但是,他自己却觉得很大,于是,在单位、家里都表现得很强势,得罪了很多人……后来,他单位的一把手被举报,他也被调查……后来,他辞职自己干……"

俗言:三岁看大,七岁看老。父母,是孩子性格培育的关键塑造师。该男生谨小慎微、诚惶诚恐的完美型人格,完全是被他父亲培养出来的。

作为父亲,被自己的亲生儿子如此差评,父亲做人就做得很悲哀、很失败、很可笑!

该男生回答:"患上强迫症的前几年,我还能感觉到自己的焦虑烦躁,近一年来,已经感觉不到强迫症所引起的痛苦不安了。"

该男生因为焦虑痛苦的时间太久了,所以,他的内心就麻木不仁了。尽管表面上不痛苦了,实际上,他的潜意识里仍在持续不断地压抑、纠结。如果,他不积极主动地化解这些压抑的情绪,而是仍然不断地累积压抑，总有一天，会出现"压倒骆驼的最后一根稻草"——他可能会突然患上重度抑郁症甚至可能产生自杀倾向。

《庄子》里言：哀莫大于心死！

该男生如果继续让自己麻木下去，就会让他心如死灰，表现不出青年人应有的血气方刚、朝气蓬勃、阳光明媚，就会影响他的人际交往，就会影响他自信快乐地去谈女朋友。或者说，他的郁闷气场，会让同学们主动退避三舍；他的消沉内心，会让他没有激情活力去谈女朋友。

然而，每个少年，进入青春期后，都必然会出现雄性激素开始大量分泌。在性激素这个内在驱动力的作用下，每个男孩，都不可避免地会出现性冲动、性幻想，做性梦！这是人的动物性，是人的天性，是人的本能。而该男生，因为谨小慎微、孤僻内向，他的"超我"，不允许他想这些充满"低级趣味"的东西，于是，就不断地压制自己的欲望"杂念"。

心理学上的悖论为：越压抑的东西，反而，越是对它在心里浮现的强化；越想忘记的东西，反而，越是对它在脑中记忆的强化。

故而，他越压抑，反而越是强化了他内心那些性的"杂念"，脑子里反而想得越多。当他压抑的东西太多时，就出现反复洗手、洗澡的病理症状。

这些反复洗手、洗澡的强迫行为的心理病理机制为：人在潜意识里，认为那些性的"杂念"是肮脏的，于是，可以通过身体上的洗手、洗澡等仪式性行为，去洗干净自己内心的"杂念"。

这些强迫行为的作用为：可以暂时通过这种反复洗手、洗澡的仪式行为缓解"自我"的意识层面的焦虑不安。

所有的神经症状，都是自寻烦恼；所有的痛苦，都是执着自我。

六祖慧能的千古名言：

本来无一物，

何处惹尘埃！

单从字面上看，上面所阐明的道理确实简单易懂，然而，在现实生活中，几乎没有人能做得到那般超凡脱俗。古往今来，芸芸众生还是在天天重复：

本来无一物，

自己惹尘埃！

本来无一物，

被动惹尘埃！

该男生自幼在他爸爸的影响下，养成了谨小慎微、诚惶诚恐、孤僻内向的个性，在成长的过程中，有意无意地令自己的心灵蒙尘太多，遮挡了自己的灵性、张扬、自信，变得越来越麻木滞塞。

教育方式的复制性
——原生家庭对育儿的影响

某周四的下午，一位妈妈一手怀抱着两岁多的儿子，一手拉着 11 岁的女儿，心急火燎地步入我的心理诊室。

刚走进来还未坐下，她的女儿就把妈妈向门外推，理由是：她想自己单独与心理医生说说话。

该女孩把她妈妈推出门外后，立即把我的诊室的门反锁了。

我当即推测：看来该女孩在家中早已经习惯这么做了。

在家中，她很烦她的妈妈，把妈妈推出卧室门外，然后，立即把门反锁上。

该女孩坐定后笑着说："让我说什么呢？我觉得没有问题啊！是她硬把我领来的！"

为了节约时间，我立即打开门让她妈妈单独进入诊室了解情况。

原来，该女孩目前上小学五年级，近两年变得越来越不听家长的话，尤其是近一个月，早晨起床很磨蹭，做作业总是糊弄，昨天因为期中考试考得不好，不回家了，也不给妈妈打电话。她的爸爸出发了，她的妈妈带着两岁多的儿子心急如焚地到处打听、寻找，在晚上八点多，终于在市图书馆的阅览室找到了她。妈妈又惊又喜地把她领回家后，她不但不认错，今天还拒绝去上学。妈妈无奈之下，在别人建议下来找我咨询。

我观察到：当她妈妈去楼上交检查费时，嘱咐她好好看着弟弟，她虽然当即表面上拒绝，但看着妈妈走开后，立即走到弟弟跟前耐心地哄弟弟玩耍，而且，顺从弟弟的意思把弟弟抱了起来。

这就说明该女孩本性不坏，只是表面上与她妈妈故意地对立违拗。

我对问题孩子的咨询，采取的基本方法是：

积极发现孩子的优点、亮点，然后，及时予以夸奖、赞赏，以令孩子在内心认定自己是个好孩子，然后，就会用好孩子的标准去要求、约束自己。这就是心理学中常用的方法——语言对孩子的雕塑作用。

于是，我立即守着该女孩，把刚才她的良好表现对她妈妈讲了。她妈妈也立即讲起了该女孩的优点："这个孩子，平时学习挺好的，在学校里的表现也挺好，几个月前，参加寒假冬令营时，因表现良好,还被选为营长呢。"

我与她妈妈这样夸赞她时,坐在旁边的她,对妈妈的抵触、不满的神情慢慢地缓和了下来。

我对该妈妈强调:"这个孩子是个好孩子,要以夸奖、赞赏为主,让她多帮助你做事情……"

"行啊,但是,你可别带着怒气去做啊!你可别……"该妈妈转过脸,带有嘲讽语气地对女儿说道。

"我什么时候带着怒气去做家务了?……"该女孩立即委屈地反驳道。

……

看着该妈妈对女儿的语气、神态,我忽然感觉该妈妈像是在模仿别人去教训她的女儿。于是,我插话问道:"你自己的妈妈以前是否也是这样训斥你的呢?"

该妈妈的脸色唰地变红了,微微、默默地点了点头。

这位妈妈无意识地在用她母亲对待她的方式来对待她的女儿——用自己母亲当年对处于少女逆反期的自己的嘲讽、训斥方式来对待她的女儿。在该妈妈的潜意识里,可以用这种方式去宣泄当年压抑的负性情绪。

该妈妈连声道谢着收拾挎包准备走时,没用别人嘱咐,她女儿懂事地抱起了弟弟先走出了诊室。看到女儿突然变得这么平和懂事了,该妈妈走出诊室,又返回来说了一声谢谢。

原生家庭,对一个人的影响太大了——该妈妈在自己处于少女逆反期时，是很反感自己母亲的嘲讽式教育的，然而，造化弄人，在自己的女儿处于少女逆反期时，该妈妈却又把自己母亲的教育方式，原封不动地复制到自己的女儿身上。

"生无可恋"的孩子

某周天上午,轮值我单独上班,天降小雨,病人稀少。

十点多时,一个女孩独自径直步入我的诊室。因其病历本上的年龄为 17 岁,我就仔细地审视了一下这个女孩的非言语表达所透露出来的信息:

一身黑色套装,衣领开口较大,微染微烫的头发,牙齿有长期抽烟的黑黄,神情旁若无人……

我温和地告诉她:"你今年 17 岁,还没有成年呢,必须由家长陪同才能来看病。"

"为什么呢? 这是我自己的事,为什么非要家长陪同呢?"这个女孩不屑地反驳我。

"这是我们医院的规定啊! 未成年人看病,必须要由家长陪同的。"我继续微笑着向她解释。

"你们医院的规定不对啊！我的家长不在本地了呢，早就不管我了，我只能自己来看病啊！"这个女孩有些烦躁地答复我。

"哦，既然这样，你说说你的职业及来咨询的目的吧。"我善意地对她疏导道。

"我上高二呢，我的问题是生无可恋。我认为我只能自杀了！"这个女孩微笑着有些得意地对我说。

"哦，既然感觉生无可恋，应当是痛苦绝望的表情啊，你怎么会微笑放松地说出来呢？"我平和地问她。

"为什么就不能微笑着说出来呢？我就是感觉生无可恋了啊！"这个女孩有些愠怒地回复我。

"呵呵，你的生无可恋告诉你爸爸妈妈了吗？"我感觉到了这个女孩与别人交往时一贯的应对方式：只要别人不顺着她讲话，她就会立即生气翻脸。

"哦，我爸爸，近三年，最多给我打了五次电话；我妈妈，她也不会管我的，她已经两年没见我了。我近几年开始寄宿在亲戚家，后来自己租房子住。"这个女孩又开始有些得意地对我说道。

哦，原来这是个脑子里充满了反社会人格的问题孩子啊！

"无论如何，你已经长大了，人生可留恋的事情很多啊，比如结婚、生孩子、旅游、唱歌等。"我试探着疏导这个女孩。

"唉！我的过去太复杂了，说三天三夜也说不完。无论如何，反正我已是生无可恋了！"这个女孩继续一脸笑容地说道。

我对这个女孩扭曲的成长历程分析如下：

这个女孩，自幼拿"我去死、我去跳楼"等极端语言威胁父母，而她"愚蠢"的父母呢，每次都吓得立即答应她的无理要求。她呢，就学会了用这类极端语言去要挟父母，以满足她诸多不合理的要求及令父母屡次原谅她所犯的荒唐的错误。

如此这般，在没有恰当的约束与惩罚之下，久而久之，她的不合理要求越来越多，她所犯的错误也越来越荒谬，以至于令她的父母再也无法容忍，直至忍无可忍把她放弃掉。他们再也不去理会她的"我去死、我去跳楼"等极端言论，放任她离家出走。

脱离父母后的三年间，未成年的她的生活肯定很混乱……虽然她衣、食、住无忧，但是，父母是每个孩子内心最安全的港湾，没有了父母的亲情呵护，她的内心肯定是彷徨的、无助的、空虚的。

刚才，她之所以找心理医生，也并非真的想改变，只是笑着对心理医生说"我生无可恋"，然后，她最终想看到的是：唉，心理医生也拿我没办法吧！

古人云：子不教，父之过也！

这个孩子，表面上自甘堕落、自我毁灭，其实，她是不幸的受害者！是她父母不恰当的引导教育，造就了她当下的放荡不羁、自甘沉沦！而事实上，尽管已经无人约束她，她看似好像无拘无束了，但是她内心孤苦无依，没有奋斗的成就感，没有真正的幸福感、快乐感！

凡外重者，内拙
——致高考焦虑者

　　一年一度的高考又临近了，因高考焦虑而到心理门诊咨询的学生一年比一年多，很多时候，我都会给考生讲下面《庄子》里的一个小故事。

　　仲尼对颜渊说："用瓦器做赌注，没有利害关系，心思就放松而灵巧；用金属带钩做赌注，有了利害关系，心里就紧张而害怕；用黄金做赌注，有重大利害关系，内心便沉重而混乱。所以，凡是注重外物的，内心就笨拙了。"

　　故而：凡外重者，内拙。

　　自我，越去注重身外之物，就会越发利迷心窍，就会越发束缚内在的灵性灵光，就会越发变得愚钝呆板。

有高考焦虑的学生,都把高考看得特别重要,一心认定:如果考砸了,一辈子的前程就都完了!

所以,愈临近高考,其压力越大,内心越混乱,以至于感觉好像什么都不会了一样,就更加急躁,进而,形成恶性循环。

这时候,有些家长就劝慰说:"别有压力,大不了不上大学。"孩子听了之后,不但没有放松,反而更急躁了。

为何如此呢?

因为,这些要强的孩子关注的是:不但必须要考,而且必须要考好!所以,家长们的笼统劝导,反而起了令孩子更加焦虑痛苦的坏作用。此时,无奈之下,家长就会带孩子来求助于心理医生。

对有高考焦虑的学生,我的治疗方法一般是:

首先,肯定孩子的亮点,如智商比较高、基础很扎实、成绩很稳定等,以重新点燃他的旺盛的自信、锐气和斗志。这是最最关键的!!!

其次,让他明白焦虑的原因,乃是他"把高考当作一生的赌注了",极端化地认为:如果高考失利,一生就全完了。我向他说明:如果他真是一个有志气有志向的优秀青年,即使这次考不上理想的大学,还可以通过考研、考博去改变。如此,改变人生航向的机会还有很多。

第三,向他解释,要学会做题的技巧。像高考这种绝对按照标准出题的考试,一般分为三种难度:第一种,三分之一的题目是很简单的,大家都会做;第二种,三分之一的题目是中等难度的,针对考二本的考生的；第三种，三分之一的题目是难度较大的，借以区分开智力超常与智力一般的。我让他做题时，遇到难题先放一放，等把第一种和第二种难度的题目做好了，内心就踏实了，再耐心地去做第三种难度的，这样至少能考取二本。

第四，让其简单服用"效果最好、副作用几乎没有"的抗焦虑药物，并且强调"往年的考生服用后效果特好"，以给予他积极乐观向上的良性暗示。

最后，向其说明，如果通过这次高考焦虑，领悟到"凡事应举重若轻"，那么，不但对本次高考有良好效果，而且对以后的整个人生都有重大意义。

是我妈有病

一个 13 岁少年,因为上肢抖动而在山东省内的多家大医院就医,均未查出任何器质性病因。

家人便带他到北京某大医院就诊,接诊专家将其病症诊断为"抽动症",当即开了很多药物让患者回家服用。

少年回到山东老家,谨遵医嘱地服药两周,不但未见任何效果,上肢抖动的症状反而更加严重了。

该少年的父亲紧张孩子,就病急乱投医,在网上查询得知某处民营医院专治"抽动症",立即花费了六千多元网购"特效药物",服用之后,仍无任何效果。

大约两个月前,经别人推荐,该 13 岁患者在舅舅、大姨、妈妈的陪伴下来心理门诊找我就诊。

一般来讲，抽动症的发病年龄为四到七岁。抽动症发病规律为：先发生简单的眨眼、耸肩、吸鼻等病态动作，之后才逐步过渡到复杂的肢体抽动等病态动作。而该患者，13岁才开始出现上肢抖动，而且之前没有先出现眨眼、耸肩等简单抽动，所以，我初步推断他的症状应当不是儿童抽动症。

当我问及该13岁的少年有何压力时，该少年摆手示意让他的妈妈、舅舅、大姨都出去，意欲单独与我对话。

当家长们刚走出我的诊室门时，该13岁少年就已经情不自禁地泪如泉涌，啜泣着诉说自己从记事起，父母就不断吵架，而且时常吵得很凶。他们吵架之时，妈妈动不动就说去死，令年幼无助的他总是恐惧异常，时时担心自己会成了没妈的孩子。

他那神经质的妈妈做得很离谱的是：与丈夫吵架之后，她时常背着丈夫向儿子哭诉丈夫的百般不是，同时对儿子不断灌输——如果不是为了儿子还小，早就去死了。

每当妈妈对他如此哭诉之时，年幼的他就努力去劝慰妈妈千万别自杀。

该13岁少年倾诉到这里，突然激动起来："是我妈让我从小就没有安全感！自从我上小学后，我妈对我的学习就特别关注，一旦我做得不符合她的心意，就对我非骂即打！去年上初二后，她甚至用板凳打我，吓得我直打哆嗦。我内心太恐惧了，以至于我妈不打我的时候，我的两只胳膊及手也抖动不止了……医生，我没病，是我妈有病！"

　　后来我了解到,该男生的父亲为了把孩子抚养好,让其母亲辞职在家全天候地看护孩子。如此一来,该无业母亲就唯恐把孩子教育得不好了,也就表现出对孩子"病态"地关注与要求。

肚子疼却看心理医生

某天上午临下班时，一位优雅女士领着她13岁的侄子来心理门诊就诊，同时陪诊的还有她的哥哥及嫂子。

她13岁的侄子，因为肚子痛的症状，近两个星期，已经在多家医院多次就诊，CT、核磁共振、彩超等检查都查遍了，均没有查出任何问题。然而，她的侄子还是说肚子疼。那天，在我院小儿外科李庆浩主任的再三建议下，家长们才抱着试试看的态度来心理门诊找我就诊。

来诊后，我一边询问孩子的既往史、现病史、家族史、平素性格等，一边暗中观察孩子的面部表情。结果，我发现孩子的脸上一直没有丝毫痛苦的神情。于是，我在心里就初步判断该孩子的肚子疼为"躯体化障碍"。

　　既然考虑肚子疼为"躯体化障碍"的诊断,就要寻找他肚子疼的内在病因:

　　他在哪些方面有压抑的心理症结。

　　于是,我就开始有目的地与孩子交流。孩子很轻松地回答从来没有学习压力,然而,当问他"在学校里是否有人欺负他"时,孩子却立刻低下了头,而且是吞吞吐吐地说"没有"。

　　通过孩子"立刻低下了头及吞吞吐吐"这两个肢体语言,我就可以明确推断:这孩子肯定被别人欺负了!

　　于是,我问他的家长:"你们知道孩子被欺负的事吗?"

　　而后,通过他父母的相互补充回忆,我脑子里就明确了孩子是如何被同学欺负的了:

　　近半年来,孩子的胳膊、大腿及躯干上,经常是青一块紫一块的。有一次,他与父母说了是被别的同学打的。但是,他那粗心的父母竟然都没当回事,只是简单地敷衍孩子以后别与同学打架了而了事。

　　后来,欺负他的同学越来越多,尽管他不住校,但是,住校的同学却让他去帮他们提水打饭,因此时常回家晚点。虽然,这件事他也告诉了家长,但是,却仍然没有引起他那糊涂家长的注意。

　　因为欺负他没有风险,也不用承担后果,那些欺负他的同学就变本加厉。他们于一个月前,开始撕他的课本,在他的书里吐痰,把他的书扔到窗外,等等。这些,他的家长也知道,但是,就是没有帮他去处理这些问题。

如此一来，学校，成了该孩子的地狱——

他只要去学校，就被捉弄、欺负。

为了逃避那个"炼狱"般的学校环境，他的潜意识就让他出现肚子疼的症状，以逃避去上学，进而，就可以逃避同学的欺负和侮辱。

我为了引起他那"愚钝"家长的在意与重视，专门让他的家长看了微信上的一段初中生欺负同学的视频。视频看完后，终于引发了他那健壮爸爸的男人"血性"："唉，我现在才明白俺儿在学校里受的欺负与委屈太多了！我下午就去学校找老师，找那些欺负俺儿的渣子同学！……"

那位优雅女士临走时说："我终于明白我侄子为何肚子疼却查不出原因了，以前真没想到肚子疼还看心理科哩……！"

青春期逆反的时代性

近几年,有越来越多的家长无奈地向我感慨:"你看看现在的孩子,青春期的逆反怎么这么厉害呢,家长说什么都不听。而我们年轻的时候,怎么没听说过哪家的孩子逆反呢?"

任何事情,都带有时代性,就像黑格尔的名言:凡是存在的,在一定历史时期内就是合理的;凡是存在的,超过特定的历史时期,都会消亡的!

故而,像我那般在二十世纪七十年代出生的孩子,基于各种原因,如果孩子在初中或高中阶段就厌倦了读书学习,家长一般都会平静地予以"引导":

如果你愿意继续上学,我砸锅卖铁也会供你继续上学;如果你真的不愿意上学了,也无所谓,就回家种地或打工去吧。

另外，初中或高中就辍学的孩子，如果去种地或打工，他自己也会感觉很正常。因为，不单单是他自己，而是很多孩子都与他一样辍学去种地、打工了。

故而，那个时代的家长与孩子没有不可调和的冲突，孩子也就没有明显的青春期逆反的发生。

然而，在当下的中国社会，处于初中、高中阶段的孩子，一般都是独生子女，家长把家庭所有的希望都寄托在孩子身上。几乎每个家长，都对自己的孩子寄予厚望。如此一来，如果孩子在初中或高中阶段就厌学或辍学，家长就会表现得特别不可接受，就会表现得特别焦虑郁闷。

为何呢？

首先，一旦孩子在初中或高中阶段辍学，就不能上大学了，就失去了传统观念上的社会竞争力，就极难找到一份"体面"的工作。这是家长们的内心所不能接受的。

其次，当下的社会大环境，处于初中或高中阶段年龄的孩子，不管上什么学，大家都在上学，几乎没有孩子去打工。如果自家的孩子在这个年龄段辍学了，因为未成年，谁也不敢用童工，肯定不能去打工，就只能窝在家里，时间一长，就会出现一系列的心理、精神问题。

最后，当那些所谓的"问题"孩子不去上学时，当代的家长们肯定不会像二十世纪七十年代的家长们那么从容与淡定，而是简单粗暴地要求孩子必须去上学。如此一来，孩子与家长的冲突就不可避免地发生了,直至发展到不可调和的地步! 这样就"顺理成章"地出现了青春期逆反。

故而,青春期逆反,具有明显的时代性,是与社会大环境息息相关的。

尊严，来自理性抗争

一天上午，一个 21 岁的大二女生在妈妈的陪同下来心理门诊就诊。

该女生在两年前的高考前，曾因考前焦虑来找我咨询，当时效果很好。她顺利参加高考后，学习压力没有了，情绪也就自然地放松快乐了，之后，就未再来咨询。

今天来诊事宜：

她在同学面前总是有意戴着"好人、善人的面具"，不想、不敢反抗同学们的"侵略性"言行。于是，她在内心就总是生闷气、生怨气，只有回到家，才会在父母面前把累积一两个月的怨愤号啕大哭地宣泄出来。

我对其疏导要点：

第一，人际交往的关系是互动的，你改变了，周围的人才会相应地改变。所以，你必须勇于改变。

第二，只有勇于理性抗争，才会有效地避免误会、误解，才能真正地赢得别人的尊重，才会内心舒畅。

第三，如果在意识层面不能改变，下一步可以做催眠治疗，以在潜意识层面挖掘、化解、疏通深藏于内心的、不敢轻易碰触的心理症结。

总之：

尊严，来自理性抗争！

这条真理适用于夫妻关系、婆媳关系、亲子关系、同事关系、邻里关系、家与家的关系、国与国的关系。

养儿之道与养虎之道

那年，我的儿子14岁，上初三下学期。因为，我平时着实有些太忙碌，所以，自从儿子放完寒假开学后，我从未关注过儿子的学习。

一天，妻子说快期中考试了，应当看看儿子近期的学习状态了。

对于妻子的及时提醒，我欣然接受。

下午下班后，我推开所有事务，回家吃饭。

晚饭后，我微笑着坐在儿子旁边，看他做各科作业，以便能够——

及时发现问题，

当场解决问题。

才坐了不到两分钟,当我好心好意地尝试指出儿子应当如何如何才好时,儿子呢,却出乎意料地扭头吼了我一句,把善意满满的我着实吓了一跳。

我呢,毕竟是"老江湖"级别的心理医生了,迅疾调整心神之后,我立即意识到:

哦,我14岁的儿子,正处于暴烈老虎一般的青春叛逆期啊!

继而,我的脑海里就立即联想到《庄子》里所讲的关于养虎的启示。

《庄子·内篇·人间世第四》:汝不知夫养虎者乎?不敢以生物与之,为其杀之之怒也;不敢以全物与之,为其决之之怒也。时其饥饱,达其怒心。虎之与人异类,而媚养己者,顺也;故其杀者,逆也。

译文:

你不了解那养虎的人吗?他从不敢用活物去喂养老虎,因为他担心扑杀活物会激起老虎凶残的天性;他也从不敢用整个的动物去喂养老虎,因为他担心撕裂动物也会诱发老虎凶残的天性。知道老虎饥饱的时刻,通晓老虎暴戾凶残的秉性。老虎与人不同类却向饲养人献媚,原因就是养老虎的人能顺应老虎的性子;虎之所以伤害人,都是因为触犯了老虎的性情。

那一刻,想到庄子这位"大宗师"的启示,我即刻就改变了辅导儿子的策略。

我尽量恰当夸奖赞赏儿子,在令儿子对我产生认同的基础上，再沉住气委婉地指出他的错误所在。而且，当我到客厅喝水时，表面上是与妻子讲话，其实是故意说给儿子听的："咱儿子智力很高，如果再认真、用功一些，成绩肯定会特别优秀的！"

结果呢，我如此辅导了儿子两三个小时的学习，儿子很高兴，乐于让我在旁边看着他做作业了。

如此这般地陪伴儿子学习，既适时指出了儿子的问题所在，又促进了我俩的父子亲情，就令儿子平和顺畅地度过青春期、逆反期。

古往今来，很多父母，之所以与处于青春叛逆期的孩子搞成了敌对关系，关键就在于没做到庄子讲的"养虎之道"：

没能顺应青春叛逆期孩子的性子，而总是简单粗暴、武断强势地触犯青春叛逆期孩子的性情。

后　记

第一，养儿，着实不易啊！

既要令其健壮——培育体商；

又要令其成人——培育情商；

还要令其成才——培育智商！

此三者，缺哪一样，都会令孩子发展不够完美，都会令父母心中有遗憾。

第二，庄子，真正的大宗师也！他深刻洞明：

凡夫俗子的人间之道，

超凡脱俗的修行之道。

咨询孩子，家长必须密切配合

一天，外市某医院的一位热心医生介绍过来一个 14 岁的初三女生。

近九个月以来，该女生因"心因性头痛、腹痛"而到济南、北京的多所大医院就诊，最终，于半年前，到北京某医院就诊后，弃学在家服用抗抑郁药物。至今，尽管她每天坚持服药尚能控制疼痛症状，然而，只要提及上学、学习，就会立即出现身体的疼痛难受。

在长期的临床实践中，我深切地理解、怜悯问题孩子的家长。

孩子一旦出问题，家长就必然有心急如焚、撕心裂肺般的痛楚。

因此，在日常工作中，我对问题孩子的治疗就特别重视。

拯救了一个孩子，就是拯救了一个家庭，甚至是拯救了孩子爷爷奶奶、孩子姥姥姥爷的另外两个家庭。

为了抽出整块时间给这个家庭做家庭治疗,我决定牺牲盛夏中午的休息时间予以悉心疏导。

那天中午,仅仅谈了十多分钟,孩子的爸爸就激动地看着孩子妈妈说:"我觉得李医生说的很对,就是我们当父母的责任,我们两个应当反思改变一下与孩子的互动模式。"

"但是,孩子确实感觉头疼、肚子疼啊……"始终眉头紧锁的强势妻子打断了丈夫对她的试探性交流。

为了让这个貌似聪明的深沉女人听得更明白,我力求用最浅显易懂的语言,去尽可能地给他们列举了更多的实际案例。

如此这般,我用了 50 多分钟的午休时间去尽心竭力地讲解。该强势妻子竟然仍未听明白,甚至,连声谢谢都没有就起身独自走了。她的丈夫及女儿也只能跟着走了。

望着一家三口远去的背影,我禁不住苦笑慨叹:

第一,母亲在家庭中的影响巨大。

第二,谁也无法帮助那些不想自救的人。

另有一个 15 岁的女生的妈妈单独代替女儿前来复诊:"近两周,孩子的状态越来越好了。按照您说的,我回去反思了好多。孩子出问题的原因在于,前几年,因为工作的关系,我常年不在家,女儿由她爸爸单独照料,她爸爸急躁、固执、看不惯社会,对孩子的要求简单而严厉,并且时常给她灌输社会的阴暗面……近一个月,我不让她爸爸管孩子了,只要孩子放学回家,我就亲自陪伴孩子,让她尽可能处在轻松快乐的氛围中，孩子的情绪越来越好了……"

一天，我到某病房会诊时，突然被病房走廊里站着的一位"陌生"老太太喊住："李医生，你好啊，你忘了吗？我是×××。我儿子挺好的，早就结婚了，我孙子都九岁了……"。

哦，我顿时想起来了：大约20年前，我那时刚结婚，虽然物质上没有钱，精神上却是浪漫快乐的。

一天上午，活泼开朗的媳妇建议去泰山大桥那边的川菜馆吃饭，因为那时我们尚无孩子，无牵无挂，无忧无虑，我立即就答应了。

吃饭时，阳光开朗的我于无意间就与邻桌一对吃饭的夫妻闲聊起来，还一起喝了几杯啤酒，并爽快地互相留下了联系方式。

后来，该夫妻先行吃完后离开，然而，不到几分钟，就又折回来了，远远地对我与媳妇说已经把我们的饭钱给结了，就当是交个朋友。

之后的半年中，该老板（夫妻中的丈夫）请我吃了几次饭，关系自然就更熟了。然后，该老板就说他的亲外甥患"精神分裂症"已经四五年了，一直不好，麻烦我给他外甥好好治治。

事实上，那时年轻的我，在药物治疗与心理治疗方面的水平，远远没有现在的我"胸有成竹、游刃有余"。那时，在治疗病人方面，我依靠的更多的是：

真诚地、实心实意地去帮助患者，同时，自然而然地感动患者家属。

该老板的姐夫是个建筑承包商,为患精神分裂症的独子四处求医问药,因为治疗效果不好,感觉塌了天,感觉挣钱没有了意义,郁闷得都不想接工程了。

既然受朋友之重托,加之其全家人对我无比信任,在之后近三年的时间里,我到该患者的家中出诊、吃饭了 N 次有余。

第一,鼓励患者的爸爸必须有信心治好孩子,同时,也不能耽误接工程挣钱养家。

第二,建议患者的爸爸到离家远一些的地方新买一处住房,以令患者居住到陌生人群中,从客观上减轻患者的敏感与多疑。

第三,千方百计、苦心孤诣地引导患者走出家门去打工锻炼,以锻炼心胸、情智,磨炼性格……

功夫不负有心人!

三年过后,该患者已能靠服用维持剂量的抗精神病药物正常工作生活了。他的爸爸妈妈,也被我熏陶成了半个精神科大夫,再也不用请我指导治疗了。

我对该"顽固"的精神分裂症患者成功治疗的关键,就在于他的家长能够做到与医生的密切配合。

故而,

糊涂家长,把疏导改变孩子的责任推出去,完全推给心理医生;

聪明家长,把疏导改变孩子的责任抗起来,密切配合心理医生!

两岁的"神经质"女孩

一个星期天的上午，一位年轻父亲带着他两岁女儿的检查化验结果来找我咨询。其女儿的问题为：阵发性狠命大哭三周。

我边观察这位自称是某大学老师的父亲，边在心里快速思忖：

对于儿童期的心理问题，像常见的孤独症、抽动症、多动症、智力发育障碍，一般都是三四岁以后才会明显表现出来。刚刚两岁的孩子，能有什么问题呢？

"您详细描述一下孩子大哭时的场景。"我平和地说道。

"她每次大哭之前，都对大人说心里不舒服，说自己想大哭。然后，大人就劝她别哭，她就忍着，但是，过不了半个小时，她就会忍不住大哭，而且是狠命地大哭。每当这时候，大人们就很焦急，怕她哭背了气,就围在她身边劝她别哭。尽管大人使出了浑身解数,她仍然狠命大哭。有时候,她也会边哭边对她妈妈说:'妈妈过来抱抱我,对我说宝贝别哭。'她一哭就是半个小时以上,把她爷爷、奶奶、妈妈及我急坏了。我们认为是不是她的脑子出了问题,带她到神经内科做了脑部核磁共振、脑电图等检查,也没查出问题。然后,神经内科的医生建议我们来找你咨询咨询。"该大学老师急躁但不失条理地说道。

"对孩子来说,她的大哭是唱歌,可以很好地锻炼肺活量,不会哭背气的。所以,孩子的大哭,不值得大人们那么大惊小怪的。以后,孩子再哭时,大人们都别表现得焦虑紧张,都要心平气和地面对她,问她哪里不舒服,问她有什么委屈。如果她仍大哭不止,就很平和、很明确地对她说:'哭是你的选择,你可以选择哭够,也可以选择现在就不哭,但是,没有人会过来哄你的,何时哭够了,再说说你为何哭。'只有这样,才会令孩子学会:遇到问题,只有冷静地说出来,才能解决问题,而不是感性地用大哭的方式要挟家长。唯有如此,才能把孩子神经质的恶性循环就此打住,进而,才能让孩子变成理性、懂事、听话的好孩子。"我耐心地予以解释道。

该大学教师悟性很高,边听边连连点头称是。

唉!教育孩子,原本是简单之事:没有规矩,不成方圆!家长必须给孩子立一个明确的规矩:

该说的说,不该说的就不能说;

该玩的玩,不该玩的就不能玩;

该吃的吃，不可吃的就不能吃；

该哭的哭，不该哭的就不能哭；

该学的学，不想学时也必须学！

唯有如此，才会令孩子逐步学会自我理性、自我思考、自我控制、自我平衡等能力，进而，成长为一个健康正常的社会人。否则，如果对孩子溺爱无度、过分关注、过分纵容，就会令孩子成长为感性、神经质、懦弱退缩、孤僻内向的问题孩子。

育儿技巧之"恰当强制"

多年前的八月的一次晚餐，一帮哥们儿席间大谈高考话题时，周总笑谈了他的一个哥们儿的逸事。

多年前，周总的好哥们儿的儿子参加高考，第一天考完语文后，自我感觉考得很差，回家后哭着闹着不肯再考剩下的科目了，急得周总的哥们儿对儿子说："你说啥也得去考完啊……我喊你爹，行吗？我喊你爷爷，行吗？……"

最终，周总的哥们儿好说歹说，费尽口舌，下午把儿子"强行"推进了考场。结果，他儿子下午的考试感觉还行，就顺利参加了第二天的考试。

高考成绩出来，周总的哥们儿的儿子勉强走了个一本，目前，早已经成家立业。

周总虽然是为了喝酒"热场"而讲的笑谈，然而，我听后，内心却有着很严肃的思考。

第一，如果当时周总的哥们儿不以"恰当强制"的方式令儿子继续参加高考，他的儿子就会闹得更厉害，就更会觉得自己失败，就更会觉得自己无能。如此下去，其消极郁闷的情绪就会形成恶性循环，就可能会因精神失常而崩溃。如果儿子崩溃，这一家人也就可能随之崩溃了。

第二，周总的哥们儿想方设法地把儿子推进考场后，他的儿子反而领悟到：当真正面对恐惧时，恐惧反而消失了；当真正面对困难时，困难并没有想象得那么难。

故而，家长教育引导自己的孩子，必须要有"恰当强制"的方法：

必须学习独立大小便；必须离开父母去上幼儿园；必须饭前便后要洗手；必须下课回家后立即做作业；必须按时起床去上学；必须自己的事情自己做，等等。

在这个"不断强制"的过程中，孩子在成长中不断地领悟到：应当去做的事，不想去做，也必须去做；越觉得难做的事，越勇于去做，就会发现没有那么难做！

现实生活中的很多问题孩子患病的主要原因，就是家长对孩子自幼一味地溺爱与放纵，令孩子的懒惰、拖延、避重就轻、张狂等人性的弱点没有受到恰当的约束，以致孩子在成长的过程中，逐步变得孤僻而不合群，逐步变得逃避学习而拒绝上学。更可悲的是，有少部分问题家长,在我的苦口婆心的疏导之下,仍然不明白问题的根源在父母这里,仍然不去改变自己,咨询效果也就很差。

教育古训:

没有规矩,不成方圆!

荀子在《劝学》中的教育名言:

木受绳则直,

金就砺则利!

故而,家长教育孩子,必须要有"恰当强制"。

自创的学习生物钟

一天下午，一位女士给我打电话，说她那上高一的儿子目前在医院的某个病房住院呢，没查出身体的疾病，主治医生说肯定是心理因素导致的，而且特意说我在心理治疗方面的水平很高。该女士哭泣着恳求我尽快去给她的儿子会会诊，一定要与她的儿子多聊聊，只要能治好她的儿子，她花多少钱都可以。

哦，又遇到一位被问题孩子急得要死的妈妈。此时，作为心理医生的我，面对如此心急如焚的妈妈，没有任何理由拒绝她——如果拒绝她，仿佛就让她失去了拯救她儿子的最后一线希望。

俗言：救人如救火！下午下班后，我尽快赶到了该男生所在的病房里。

恰巧，该高一男生独自一人在病房里，其主诉为：颈后部、两条大腿前部疼痛难忍两年余,加重一周。

该高一男生的疼痛症状,是典型的心身症状——功能性身体疼痛的背后,肯定有心理的纠结。

然而,该男生却回答没有纠结:

没有学习压力;没有谈恋爱;没有被同学欺负;没有被老师训斥;没有被父母指责。

既然他在意识层面意识不到自己的确切病因,那么,就采用潜意识寻因的技巧——弗洛伊德的自由联想技术。

于是,我就让他随心所欲地聊聊自己的学习经历。

该高一男生独白:"……其实,我上初一、初二时,学习并不突出,后来,到了初三上半学期,一天,我忽然自创了一套适合我自己的学习方法,就是每天晚上七八点上床睡觉,到凌晨两三点就起床学习到天亮。我感觉这时头脑特别清醒,学习效率也很高,学习成绩提高很快。上半年期末考试,我的成绩名列年级前二十。本来,按照那样学下去,我的学习成绩还会提高,但是,我却出现了脖子后面及两条大腿前部疼痛难忍。于是,我就去看病,泰安的几个医院的医生说我是肌筋膜炎或滑膜炎等疾病。我服用了不少中药、西药,就是不管用。此时,我的学习成绩开始下滑,我很急躁,因为好不容易才找到了适合自己的学习方法,却偏偏得病了。初四上半年,我爸妈带我去北京看病,做了很多检查,最后,医生说我什么病也没有,让我少坐着,多活动活动。但是,我的两条大腿疼得没劲,怎么活动啊!"

哦,感谢天才弗洛伊德创造的自由联想技术。这令我很轻松地就发掘出该男生的问题之关键所在:不恰当的自创的学习生物钟!

该男生的个性内向而要强,从初三开始,特别想把学习成绩提高上去,反复思来想去,考虑到用普通的学习方式,很难再提高学习成绩了,煞费苦心之时,突然之间,就来了灵感,另辟蹊径。

他自创了学习生物钟:晚上七八点睡觉,凌晨两三点起床学习。

该男生自创的学习生物钟,起初为何会卓见成效呢?

第一,该生智商属中上等,只要付出比一般人更多的努力,就肯定能收获不一般的成绩。

第二,该男生当时是憋着必须要明显进步的一口气去加倍努力学习的,尽管每天的睡眠严重不足,但是,有憋着的这口气在,就能在短时间内,用精神的力量战胜疲劳感,然而,时间稍长,势必衰弱。

内心紧绷得久了,就会疲惫;

身体紧绷得久了,就会疼痛!

故而,该男生很快出现了身体的疼痛,随之,同时出现学习成绩的下降。这令他在意识层面,对自创的学习生物钟初步取得的成功深感痛惜。因为,他本想用自创的学习生物钟去继续取得更好的名次的。

此时,该男生那聪明的潜意识给了他一个合理化的理由。

"因病获益"的原理：我的学习成绩为何下降了？因为我生病了，而且，我的病还不好治。因此，不是我没有继续努力，而是我患病后没法继续加倍努力了。

无独有偶，事有巧合。上周末，我刚咨询的一个高一男生，他也是利用自创的学习生物钟去加倍努力学习的。

那个男生，疲惫不堪之余，没有出现身体的疼痛症状，而是出现了人生的厌倦感——总是感觉人生没有意义，奋斗没有意义，活着太累了，时常想到自杀解脱。

这两个孩子，都是好孩子，都是特别要强的孩子，都是自我加压的孩子。然而，任何事情，皆遵循"过犹不及"：

适当要强，是积极学习的动力；过度要强，就成了负重前行的阻力！

故而，中学生学习之事，原本简单——好好遵照学校的课程安排及老师的教学节奏，心平气和地尽力而为地去学习就行。如果另辟蹊径，尽管劳心费神，却不得长久之效。

要二胎，不需与一胎孩子商量

二胎政策放开后，有一部分很想要二胎的父母，因为与一胎孩子商量不通而郁闷地问我："如何才能做通一胎孩子的工作呢？"

我，作为二十世纪七十年代初出生的人，我的父辈们有两三个孩子的比比皆是，我的爷爷辈们有五六个孩子的几乎挨门挨户都是。但是，彼时，从未耳闻父母要二胎是需要与一胎孩子商量商量的；也从未听说有一胎孩子坚决反对父母要二胎或三胎的。

为何呢？

因为，那时的父母及一胎孩子，都很自然地认为：

这件事只是需要父亲、母亲两个人商量商量就可以决定的事，是根本不需要与一胎孩子商量的事。

既然如此,为何现在的部分父母在要二胎的问题上被一胎的孩子"一票否决"了呢?

只因,这些父母,都是些自作聪明的"糊涂"父母。

这些父母一般会无聊地"费心劳神"地与一胎孩子商量:

一是,你想要一个小弟弟还是小妹妹啊?

二是,你放心,即使有了小弟弟或小妹妹,我们对你的爱也不会少的。

三是,即使有了小弟弟或小妹妹,将来,也不会多分你现在的家产的。

事实上,十岁以内的孩子,脑子里天天考虑的是如何快乐地玩耍,如果父母不问,他们是根本想不到父母问的这些问题的。但是,一旦父母来征求一胎孩子的意见,一胎孩子就会开始懵懵懂懂地思考这些问题。进而,部分孩子就会很盲目很自私地坚决反对父母要二胎,甚至会扬言:

"如果你们要了二胎,我就会掐死他;如果你们要了二胎,我就会去死!"

故而,父母们必须要明确:要二胎的事,是家长的事,是不必与一胎孩子商量的事。

糊涂的父母,造就"难搞"的孩子;

理性的父母,培育"懂事"的孩子!

亲子之间,既必须有天然的亲密关系,又必须有明确的界限与原则。

哪些事是家长的事,哪些事是孩子的事……

如果,没有明确的界限与原则,亲子关系就会乱套,就会平添很多无意义的烦恼。

青春期的儿子

上周五晚上，我单独与儿子吃水果时，儿子主动找话题与我聊天："爸爸，今天月考的英语试卷我做得挺好，这次英语成绩应当不错。我以前是蒙着做题，现在是按照语法做题，做完后，就大概知道考得怎么样了。……"

上周六晚上，儿子与我闲聊："爸爸，英语老师近期表扬我进步很大，问我是自己学的吗。我说是我爸爸陪着我学的。英语老师说很好，说让爸爸继续陪着我学。……"

今晚，儿子回来高兴地对他妈妈说："我这次英语考了113分。……"

英语，一直是儿子的弱项，以前，他也就考80多分。但是，因为距离中考还远，而儿子智力尚好，那时，我一直关注的是：打篮球以锻炼身体，多与同学交往以锻炼情商。所以，我就一直没怎么关注孩子的学习。但是，近期，距离中考只有七个月的时间了，再加上儿子前段时间出现偷着玩手机等问题，严重影响了儿子的情绪及学习。孩子如此状态不佳，我这个当爸爸的，必须正儿八经地用心关注了。

近一个月，经过我的用心疏导，儿子的几个"毛病"改掉了，又变得阳光快乐了，学习成绩也上来了，与我的关系也更融洽了。

甚好！甚好！我对儿子悬着的心，有些放松了。

从心理学上讲，每个孩子，在青春期，为了建立感觉自己已经"长大了"的尊严与地位，往往有意无意地表现出对父母、老师的抵触、敌意与反抗，通过在与父母、老师不断"较量"的过程中，去不断反思，不断改变，不断成长。

所以，每个孩子，在青春期不听话是很正常的事，只要家长能做到理性、平和、温和、耐心、爱心、有原则，孩子自然而然地就能学会父母的上述处世情绪，就会慢慢地平和下来，健康地度过青春期。事实上，那些青春期表现得很听话的孩子，成年后，大多表现得退缩、懦弱、孤僻、敏感、不合群，反而在成年后很容易出现心理、精神问题。

故，处于懵懂青春期的孩子，出现这样那样的问题，是很正常的事。

育儿，必须不断突破他的 "自我设限"

心理学家们，对"自我设限"的理解为：

自我设限，就是在自己的内心深处默认一个"高度"。这个"心理高度"常常暗示自己，有这么多的客观困难，我不可能做到，也无法做到，想成功是不可能的。

故而，自设的"心理高度"，是令一个人无法取得成就的重要原因之一。尤其对于懵懂成长的孩子，它更是一块巨石、顽石，倘若处理不好，就会严重阻碍孩子的心灵成长。

我的儿子出生后，因为我那时"严重"忙碌于读书、学习，无暇顾及他，他就一直由他的爷爷奶奶带着。

在儿子快两岁半时，我突然发现儿子在面对外人时，表现得特别腼腆、逃避：不喊叔叔、伯伯；也不与叔叔、伯伯家的同龄孩子们玩耍。任大人如何引导，他就还是那么怯怯地躲在爸妈的身后。

我当即意识到：哦，孩子的情商培育出现问题了啊！必须得尽快突破儿子对人际交往逃避退缩的"自我设限"！

我深知，对于情商的改变，单纯地进行言语说教，等同于在旱地学游泳，没有实质性的意义。唯有实践出真知！要让儿子在有众多小朋友的交往环境里改变。

于是，在儿子两岁半时，我毅然决然地把儿子送进了托儿所，丝毫没有顾忌我父母的坚决反对：人家都巴不得让爷爷奶奶看孩子呢，咱有看孩子的人，你却把孩子送进托儿所！……

事实证明，我的决断很英明：儿子上托儿所仅仅两三周后，就表现得勇于、乐于与小朋友们玩耍了。由此，儿子成功突破了人际交往的自我设限。

虽然我几乎每天都坚持在家里进行体育锻炼，但是，儿子因为自幼比较胖乎，俯卧撑，一个也做不了；压腿，蹲都蹲不下。所以，他一直没有随着我锻炼身体。而且，在儿子的心里有了"自我设限"：体育锻炼，咱太胖，咱不行！

为了让儿子养成体育锻炼的习惯，以强壮体魄、长高个子，以及为了强健脊柱肌肉而达到预防腰椎间盘突出的目的，我在儿子小学四年级时，给儿子在篮球培训班报了名，"严厉"强制儿子必须去训练打篮球。

彼时，九岁的胖嘟嘟的儿子，不情愿地被我强制性地去训练了七八次后,反而喜欢上打篮球了。

为何呢？班里的同学们都不如他打得好了,他成为同学们谈论的焦点了。如此,他就因为打篮球打得好而有成就感了。由此,儿子成功突破了体育锻炼的自我设限。

对于儿子的学习,我曾对我的儿子数次教导："你爷爷从来没有关注过我的学习,我呢,也不关注你的学习了,你自己看着学吧！"

如此放手地让儿子自己学习,儿子一直的学习成绩尚算过得去。然而,在他初一上学期时,有天媳妇对我说："你得关注一下你儿子的学习了！他的数学老师打电话说近两次单元测试,他都才考了 70 多分,而且,学习数学的热情没有了,一上课就低着头,也不积极举手回答问题了。"

我立即意识到：哦,儿子觉得数学太难,对学习数学产生"自我设限"了。

我一贯奉行的育儿理念：发现问题,立即解决问题,千万不能让问题强化下来。

于是,我坐在儿子旁边,帮助儿子打破学习数学的"自我设限"："儿子,咱这么聪明,初中的数学又这么简单,不可能学不好啊！我帮你看看问题出在哪儿……"

在儿子数学老师与我的共同引导下,儿子的数学成绩迅速上来了——测试几乎都考满分。而且,关键的关键是：儿子有了学习数学的自信心。

由此，儿子成功突破了数学学习的自我设限。

数理化，一直算是儿子的强项；英语，则一直是儿子的弱项。然而，那时儿子已经初四，再这样"瘸腿"下去，英语成绩影响中考的总分问题就严重了。彼刻，已经是"燃眉之急"，必须要打破儿子感觉学习英语太难的"自我设限"了。

于是，我从与儿子共同学习英语语法"过去完成时"开始，引导儿子明白：英语，比数理化容易多了，只要多读、多背、多写，熟练掌握了语法与词汇，做题时，不用像数理化那样动脑子，一看就会知道答案的。

经过一个月的不间断引导，儿子有了学习英语的信心，真切感受到学习英语比数理化容易多了。他的英语月考成绩是 113 分。

由此，儿子成功突破了学习英语的自我设限。

每个孩子，都是在不断面对困难、不断克服困难的过程中成长的。然而，很多孩子在面对某些困难时，很容易产生"自我设限"，进而，被困难阻挡了成长的脚步。此时，家长就必须适时发现孩子的"自我设限"，然后，恰当引导孩子打破"自我设限"，才能令孩子健康快乐地成长、成才。

后 记

　　父亲需要与儿子建立良好的关系：令儿子既觉得父亲是最可信赖的亲人，又觉得父亲是很值得敬畏的人！

　　唯有如此，才能有效避免孩子青春期的逆反！

一个饿昏的男孩

一天上午，在泰安市中心医院小儿内科病房住院的一个 10 岁男孩，在其父亲陪伴下到心理门诊找我会诊。该男孩主诉：突发昏迷 3 天。

因为我的门诊太忙，就需要快速诊疗该男孩，所以，从该男孩步入我的诊室开始，我就暗中观察他的言谈举止。

该男孩的非言语表达透露出的信息：很机敏，很大方，很放松。

据此，我心中给予预判：该男孩应当没有心理问题。

于是，我就快速了解病史：

三天前，该男孩突发全身无力、昏迷，被紧急送到我院急诊科，一个小时后清醒，之后，住院检查。该查的都查了，一切检查指标均正常。

我边了解病史,边快速思考:

第一,该男孩连续昏迷一个小时,可以排除"体位性低血压"。

第二,连续昏迷一个小时的过程中,该男孩对外界所有的刺激均不知道,可以排除"癔病性昏迷"。

第三,整个昏迷的过程中,身体一直柔软,可以排除"癫痫发作"。

第四,该男孩既往史很活泼健康,并且,昏迷一个小时后,表现得完全正常了。并且,各项检查指标均正常,就可以排除"器质性疾病"。

听完该男孩父亲的病史汇报,我的内心快速思索:那会是什么病呢?

为了写一份完整的病历,我还是按照常规的问诊程序去询问患者的睡眠、饮食、压力等各方面事项。

当我问到"饮食"时,我对男孩父亲几次回答的信息汇总如下:因为过度溺爱,这孩子偏食得很厉害,几乎从来不吃肉类及蔬菜。那天早晨,男孩没吃早饭就上学去了。中午,他本来早就饿了,却光惦记着玩,就又忍着饥饿与小朋友们在托管中心的床上玩起玩具来了。当下床吃饭时,小朋友发现他站立不稳,软瘫在地板上。

哦,该男孩的昏迷病因立即就呈现在我的脑海里:过度饥饿导致的低血糖昏迷。

既然昏迷病因已知,为了避免复发,我对该男孩父亲强调:

第一,孩子必须吃早餐,而且要好好吃!

第二,孩子必须吃肉及蔬菜,而且要多吃!

第三,孩子必须有规矩,该吃饭的时候,必须吃饭,不能玩耍!

又一个饿昏的男生

一天，来了一个初二男生，主诉：突发昏倒两周。

该男生在学校每到下午三点半左右，就突发昏倒，持续三四分钟醒来，没有肌肉痉挛、口吐白沫、小便失禁、咬破舌头等癫痫症状，但是，事后不能回忆。

因此，家人带其到省立医院就诊。男孩是家中独子，其父母不惜代价地做了所有能做的检查，未查出任何疾病。

昨天，一家人在我的一个曾经的病人的建议下来找我就诊。

我对他详细地做了"精神现状检查"，很肯定地排除了癔症性昏迷。

彼时，正当我自言自语地说："嗯，肯定不是癔症，肯定是实病所致，那是什么病呢？"

"我是饿的！每天中午，吃饭时间太仓促，我还利用吃饭时间学习，就吃得很少。我在家里就没事。"该男生对我说道。

"哦，这就对了，典型的低血糖昏迷。"我肯定地说道。而且，我立即想到了以前我看诊过的一个饿昏的男孩。

该男生，没有一个朋友，不与任何同学说话，为了学习，连中午吃饭的时间都压缩了，以至于饿昏了。

哦，他这样继续学下去，岂不很快把自己累垮了？

唉，盲目追求学习好，不顾身体健康，不顾心理健康，这是要不得的。

潜意识给了他一个貌似合理的借口

　　一天，一位同事带着他的一个亲戚来心理门诊咨询。患者是一个 17 岁的高一男生，打算咨询的问题是：从半年前开始出现中午不能入睡及晚上入睡慢，伴有阵发性头痛。他在家已经服用中药 10 天，未见任何效果。

　　患者回答学习成绩中等，很坚决地说自己没有任何压力。

　　但是，根据哲学上的"因果论"，有问题就肯定有原因——失眠只是个结果，原因肯定是内心不平和。

　　在正常情况下，17 岁的小伙子应当是觉不够睡，而不是失眠。所以，患者回答没有任何压力，肯定是在有意地隐藏着什么。

　　于是，我问："周末回到家时睡眠如何？"

患者回答："周末及假期时间，在家中睡得很好。"

我问："为何在家里睡得好，在学校里失眠呢？这说明你在学校的紧张学习氛围中紧张、焦虑啊！"

……

后来我了解到，患者的几个堂哥及表哥都学习比较好，患者个性很要强，一直在内心憋着劲想比他们学得更好。然而，尽管他尽力了，实际的学习成绩却仍然不如他们。因此，他内心就很急躁。因为他自尊心特别强，不愿让别人知道自己在学习方面有压力，所以，就一直貌似轻松地对别人说没有任何压力。

患者内心有了压力，就会对自己要求更高，期望只要躺到床上，就能立即入睡，如果不能立即入睡，就认为是浪费了时间，就更急躁。结果呢，就是越急躁越失眠，越失眠越急躁，恶性循环就开始了。

为何患者近几个月总是与家人强调失眠的问题呢？

为何患者近半个月把时间都用在看病上却不怕浪费时间了呢？

答案是：

患者那聪明的潜意识为了让患者放松下来，给了患者一个合理化的借口：

我的学习成绩上不去，不是因为我不努力，而是因为我的失眠，只有治好了我的失眠，我才有充沛的精力去学习。

一母生百般

我以前在精神病医院上班时,病人家属时常问及:"为何姊妹几个同样在一个家庭里出生、长大,别人都很好,偏偏他(她)就患上精神病了呢?"

对此,我几乎都是以下面这个小故事作为回答。

范蠡,春秋末期著名的政治家、谋士和实业家,被后人尊称为"商圣"。范蠡经商成为巨富之后,次子在楚国因杀人被关进死牢。为救次子,范蠡初步打算派三子携千金去找楚国的宰相,而长子却认为理应派他去完成这个使命,如果派三子去,就是对他能力的不信任与羞辱。因此,长子遂以自杀相威胁。范蠡无奈之下,只好同意长子携千金去救次子。

长子到了楚国,把千金交给了宰相。作为范蠡的老朋友,该宰相痛快地答应了长子。楚国宰相于次日对大王说："昨晚夜观天象，有一颗巨大的流星坠落在楚国，乃不祥之兆。破解之法在于——大王要实行德政，大赦死牢里的犯人。"

大王遂采纳建议，准备选择良辰吉日大赦死牢里的犯人。范蠡的长子听说后，认为既然是统一赦免，送给宰相的千金岂不白费了？于是，他迅速到宰相家把千金又讨了回来。

楚国宰相于次日又对大王说："昨晚又夜观天象，发现有一个死刑犯（范蠡的次子）不能放，必须尽快处死。……"最终，范蠡长子带着弟弟的尸体及千金回到家中。

悲痛欲绝的范蠡对亲朋解释说："我早就预测到长子救不了他弟弟，而三子去了却可以把哥哥救回来。为何呢？因为我生长子时，家境还很贫寒，正处于创业阶段，长子深深知道我挣钱的不容易，别说千金，就是一两黄金也会很珍惜；而我生三子时，早已经家财万贯，三子只知道家中有花不完的钱，从不理会钱是如何来的，别说千金，就是万金，三子也不会放在眼里。"

故而，环境造就人——同样是范蠡的儿子，因为出生时家境的不同，金钱观就会迥异。

我曾经有个病人，兄弟三个，父母均在某军工企业上班，都是老实忠厚之人。

病人的大哥出生时，恰逢企业处于"大干快上"的特殊时期，遂把大哥放到姥姥家请姥姥姥爷代为抚养。姥姥姥爷都是热情好客之人，家中天天人来人往，甚是热闹。在这个氛围中，大哥长大后,性格开朗、自信、阳光、幽默。

病人二哥出生时,父母仍然很忙,无暇顾及病人二哥,一切都让二哥独立面对,顺其自然地交友、学习。在放养式的成长环境中,二哥长大后,性格独立、合群、能吃苦、适应能力强。

病人是老三,他出生时,父母的工作已经很稳定,有了足够的闲暇时光,感觉应当好好照料一下孩子了,所以,把所有的爱都倾注到刚出生的老三身上,对老三照顾得无微不至,一切都包办代替,让老三没有独立思考的机会与空间。老三时刻被父母庇护在翅膀之下,没有与同龄儿童疯玩打闹的机会。结果,老三长大后,就具备了罹患精神分裂症的病前性格——内向、孤僻、退缩、刻板、木讷。

故而,环境造就人。同一父母生育的三个儿子,因为出生后父母给他们提供的养育环境不同,他们的个性就有天壤之别。

几十年前,易患精神疾病的还有一类男人:父母的封建意识浓厚,特别想要男孩,如果接连生了几个女孩之后,终于生了一个男孩,此时,父母对几个女孩就会极少关注,放养式地任其自由发展,而对迟迟到来的儿子则"衣来伸手,饭来张口",凡事都包办代替。最终,他的姐姐们个个都"能说会道、吃苦耐劳、积极乐观",特别适应社会;而溺爱无度的儿子却"自私、孤僻、脆弱、消极、逃避困难、敏感多疑",很容易罹患精神分裂症。

同样出生在一个家庭里,各个孩子因出生时父母的年龄段不同、经济条件不同、重视程度不同而成长环境不同,最终,造就了不同的性格,进而就决定了孩子们不同的人生命运。

而今,父母只有一两个孩子,不存在"一母生百般"了,但是,却存在"百母生百般",即不同父母的素质不同,对孩子的养育方式不同,会造就不同个性的孩子。单纯从这一点来讲,"一母生百般"与"百母生百般"的道理是相同的。

"百母生百般"可以从"一母生百般"的因果关系中,深入思考"如何恰当教育引导自己的孩子",思考"包办代替的度""放手的度""溺爱的度"等等,尽量避免在育儿方面出现"百分之百"的失败。

观察学习与模仿学习

我的儿子在两岁半之前,因为我与妻子平时工作都太忙,绝大多数时间就由他爷爷奶奶予以悉心陪伴照看。而隔代的关爱太强烈,有意无意间就包办代替了孩子的很多事情,就把孩子当成只会被动吃饭的"宠物"了,只要孩子能吃饱、能安全,爷爷奶奶的"重任"就完成了。所以,孩子一般就被"圈在"爷爷奶奶的安全范围之内,很少与其他人及小朋友交往交流,就严重限制了孩子的"社会性"心智能力的发展。

如此这般,爷爷奶奶把孩子照顾到两岁半。

孩子在身体方面,是个"小胖子",我尚满意;孩子在心理方面,与外人交往时很胆怯,不与别的小朋友玩耍。我用心引导了几次,效果不佳。

彼时,我快速三思之后,果断决定:送孩子去托儿所!

妻子倒是赞成,但是,孩子的爷爷奶奶坚决反对。

我一向的育儿原则:

第一,发现孩子的问题,立即解决问题,别让问题强化、固化下去。

第二,我对孩子的教育引导策略,绝对不能受自己年老父母的意见左右。

于是,我与妻子没有理会孩子爷爷奶奶的怒气,毅然决然地很快把儿子送到了托儿所。

效果如何呢?

结果,孩子上托儿所的第四天,晚饭前,自己主动跑到水龙头前去洗手,而之前,都是爷爷奶奶抱着还不情愿地去洗手的。我故意问他为何去洗手啊,儿子边认真洗手边不假思索地回答:"托儿所里的小朋友都是在吃饭前跑去洗手的。"

儿子的这一学习行为,就是典型的"观察学习与模仿学习"。这个学习理论认为,每个个体,从小到大,学习到的知识与行为,主要是依靠"观察学习与模仿学习"。

一个孩子在出生后,如果在狼群里成长,就只会学习手足爬行、茹毛饮血及仰头狼嚎;如果在羊群里长大,就只会学习羊的"言行举止"。在这些环境里,没有人去教导婴幼儿,他们完全依靠对周围生物群的"观察学习与模仿学习"。

我的儿子,在那个私人托儿所里,在那个活泼、快乐的孩子群体里，通过"观察与模仿"，心智成长很快，不到一个月，就变得大方、开朗、积极、主动、包容、活泼了。

从那以后，我们带着他到广场或公园游玩，只要有小朋友，他都会自己主动跑去凑热闹，先是在旁边观察，然后很快像熟悉的老伙伴一样一起疯玩了。后来，甚至只要听到楼下有小孩的喧闹声，他就会立即放弃看电视或打游戏，飞速跑下楼，唯恐跑慢了人家再走了。然后，他总是玩到别的小朋友都回家了，才恋恋不舍地最后一个回家。

故而，事实证明，我当时反思之后，坚决让孩子去托儿所绝对是英明之举。

否则，孩子就只会跟着爷爷奶奶或者看电视，或者玩游戏，日渐孤僻、退缩，阻碍了情商的培养，不利于社会化的心智能力的发展。

这个学习理论还认为，"观察与模仿"学习的对象主要是同龄人，其次是密切接触的人。

所以，孩子的"同学群"或"朋友群"是什么样的，就是一件很重要的事，即俗谚所说的"近朱者赤，近墨者黑"。好多孩子出于无意或好奇，一旦接触了有不良习惯的孩子群，而家长却未能及时发现并干预，他们在很短的时间内也会染上不良习性。

即，学好很难，学坏太易。

孟母三迁，就是因为孟母能够警醒地意识到：周围的社会小环境对一个孩子的成长太重要。如果环境恶劣，孩子就会通过观察学习、模仿学习而不自觉地沾染上社会坏习气。而坏习气一旦养成，再想改变，就难了。

因为，家长与孩子接触得最多，孩子也就观察、感受父母最多，家长的言谈举止、互动方式对孩子自然、必然就有耳濡目染、潜移默化的巨大影响，对孩子的个性、气质、婚恋观念等方面的形成均很重要。

所以，了解"观察学习、模仿学习"的心智成长理论，有利于家长思考如何教育、引导自己的孩子，进而有利于孩子情商的培育与社会化能力的发展。

后记一

很多群体化的行为，也是通过"观察学习与模仿学习"获得的。

比如女人裹脚：

在封建社会，别人都裹脚，没有人问为什么，但是如果有人不裹脚，就肯定是异端；

到新时代了，大家都不裹脚了，如果仍然有人再裹脚，那就是思想有问题了。

后记二

　　成人在"观察学习与模仿学习"方面的负面例子是：东施效颦与邯郸学步。所以，切忌盲目、浅薄地观察与模仿。

吃饭分餐制与吃饭离开制

　　我的儿子上幼儿园小班时就不喜欢吃青菜，纵然长辈们用尽百般的"威逼利诱"，仍全无效果。

　　我，作为当医生的父亲，深知"孩子吃青菜是必须的"。

　　因为：

　　一方面，青菜里有丰富的矿物质、微量元素，对儿童的成长十分重要。

　　另一方面，青菜里面的膳食纤维，可以很好地促进胃肠蠕动，有利于消化吸收，能够更好地清除肠壁的"残渣污垢"，以净化身体。

　　俗谚：世上无难事，只怕有心人。

　　在内心重视之下，我很快计上心来，我决定采取——分餐制。

于是，我妻子新买了五个小碗，把青菜基本平均分开，规定每个人必须把菜吃完，否则，谁一旦吃剩下，下次就会分给他更多，以示惩罚。然后，我们边吃边夸奖孩子，给孩子"戴高帽子"。

如此一来，孩子不吃青菜的问题就被我"策略性"地轻松解决了。我的儿子呢，也确实因为广吃杂食、不偏食而长得很强壮。

生活，就是一个不断面对问题、不断解决问题的过程。此波已平，彼波又起：我们家吃饭时必须关闭电视而专心吃饭，儿子呢，因挂念看动画片，刚坐到饭桌旁就急匆匆地尽快吃完饭，然后，来不及擦嘴就跑过去开电视看动画片。

我，作为当医生的父亲，深谙"吃饭时保持心平气和、细嚼慢咽的利害关系"。

因为：

一方面，按照正统中医的要求，一口饭必须至少咀嚼三十六下，才会让食物与唾液淀粉酶等充分混合；才会通过口腔的多次咀嚼动作，让胃肠有时间提前分泌消化酶等液体，有准备地等待食物的到来，可有效预防糖尿病等疾病。

另一方面，坚硬的牙齿将食物充分地咀嚼后，有形的食物变为糜状物，可以减轻柔软胃肠的消化负担及粗糙食物对娇嫩胃肠内膜的恶性刺激损伤，可有效预防胃肠疾病。

对此，爱子心切之下，我又心生一计：吃饭离开制。

一家五口人吃饭，必须有三个人吃完，才能离开餐桌，第一、第二个人吃完得再早，也必须坐在原地等着第三个人吃完。然后，在实施该制度的过程中，再适时对孩子施以"阳性强化法"，恰当地夸奖他进步了、是个男子汉了等。

如此一来，孩子匆忙吃饭的问题就得以在没有"硝烟战火"中完美解决。

故而，做事情，我们应当学习德国人：用恰当的、细致的、完善的、有效的制度去约束人，而不是靠苦口婆心的说教、感化去教诲人。因为，好的制度具备"简单、直观、公平、公正"的鲜明特点，而说教则是非线性的、模糊的，很难干脆利落地去约束人性中的"心恶"与"心魔"，让"心魔"总感觉有机可乘，继而，发展至有机必乘，以致心中的"恶魔"越来越强大。

俗谚：国有国法，家有家规。

没有规矩，不成方圆。

好的家规，自然培育出好的孩子；

坏的家规，必然溺惯出孬的孩子。

慈爱的妈妈是孩子最安全的 "出气筒"

一天,微信好友李女士在微信中对我感慨:"我好像对所有人都好,唯独对妈妈不好!"

因为,这确实是她由衷的有感而发,所以,也触动了我的心灵:"哦,好像我也如此啊!"

事实上,在 30 岁之前,我也真的如此——

对妈妈发火最多,

对妈妈发火最大!

我想,对此,很多很多的人,都应当有同感,都应当有共鸣吧!

但凡有同感的人,几乎都是幸运的人,因为他今生遇到的是一个慈爱的好妈妈；但凡有同感的人，几乎都是幸福的人，因为他从小就有一位特别疼他爱他的好妈妈！

既然人们心里明明知道妈妈是这个世界上对自己最好的人，为何还会经常对着妈妈发火呢？

我们每个人，都会存在"本我"的诸多欲求与"自我"的道德约束相冲突的事件；我们每个人，都存在"自我"的诸多言行与"他人"的思维逻辑不一致的时候。

如此一来，我们每个人，在很多时候，在内心都会压抑很多的委屈、郁闷等不良情绪。对于这些日积月累的负性情绪，在日常生活中，我们迫于顾及诸多的利害关系，对外人不敢发泄，甚至对配偶也不敢发泄。

当一旦回到了慈爱的母亲身边，在压抑的负性情绪能量的驱动下，聪明的潜意识就会令你自然而然地回忆起小时候受到委屈时，对妈妈痛哭撒娇的场景；回忆起小时候即使是对妈妈痛哭撒娇，妈妈也不会真的生气的安全感。此刻，潜意识就会令你的年龄无意识地"退行"到了小时候，有意无意地"找茬"对妈妈发火。此刻，最疼你、爱你的妈妈，就成了你在这个世界上最安全的"出气筒"。

所以，在这个世界上，在芸芸众生中——

慈爱的妈妈是自己今生最大的缘分，慈爱的妈妈也是自己自幼最安全的"出气筒"。

后 记

关于母爱：

慈爱的妈妈，对一个孩子的美好的一生影响深远；

冷血的妈妈，对一个孩子的苦痛的一生影响深远！

一个智商高情商低的高中生

一天，一个焦虑不安的高二女生在妈妈陪伴下来就诊。

该女生于两周前开始"听到"有人喊她的名字，实际上周围却没有人，因此郁闷不已。她自己在网上查了查，高度怀疑是"幻听"的表现，随即联系到"精神分裂症"，因此恐惧不安，不能全神贯注地投入学习。

该女生特别正直、传统、敏感，生活中除了学习还是学习，与同学、朋友几乎没有交流。她所认为的"幻听"，当时并不是真正的"幻听"，而是她的思想长期太单调刻板，缺乏丰富外来信息冲击调和的结果。

我让她不要在意那个所谓的"幻听"症状，对学习要做到"有张有弛"：

该学习时放松投入地学,

该玩耍时痛快高兴地玩!

该女生悟性很高,当时就很高兴地走了。

半年后,该女生又在妈妈的陪伴下来就诊。

原来,该女生情绪稳定后,因学习成绩特别突出,进入学校的"卓越班"学习,于两个月前以高二学生的身份提前参加高考,高考成绩 639 分。该女生对此成绩很不满意,内心烦躁不安,认为考得不好与班主任不好及她与同学之间的关系不融洽有关系。她内心的烦躁焦虑日渐升级,甚至有了发火打人的冲动。

我予以疏导:"这一切烦恼,都是因为你太正直、太正统、太认真、太敏感。像你这么聪敏正直的孩子,很适合到德国去上学、工作,因为德国的社会大环境崇尚正直、诚信,德国的大学对学生的素质要求全面,对情商的培养特别重视,必须按质按量地参加一定数量的社团活动,才能修够学分。这样,你就既可以很好地适应德国的正直人群,又可以很好地锻炼社交能力。所以,你现在不要考虑人际关系的问题了,全力以赴地投入高三的学习就行了。……"

因为该女生即将开始紧张的高三学习,没时间锻炼情商及人际交往能力了,我目前对她的咨询目标是:

让她看到未来的希望,以平和稳定的情绪投入学习,顺利参加明年的高考。至于高考结束后是否去德国上大学及锻炼社交能力的问题,到时候根据情况再说。

如此劝解之下,该女生就又放松高兴地回去了。

花季少年缘何因小事自杀？

一天，网上报道了一则"某地初二男生跳楼自杀"的新闻，看着那孩子母亲悲痛欲绝的画面，我的内心禁不住思绪万千。

我记得自己大约上小学三年级时，一天下午放学后，与本班的几个男同学互相投掷小石块闹着玩。无意间，我投出的一个石块恰巧砸在了一个同学的头上。可能是因为那个石块棱角太尖锐，鲜血竟然顺着他的短发流到了脸上。霎时，我们几个顽皮的小孩子都吓傻了。

彼时身为孩童的我，立刻意识到自己闯了"大祸"，迅疾跑回家让我的母亲带着同学去包扎。包扎之前，那个同学就一直用脏兮兮的小手捂着伤口。事实上，只是头皮划破了一个小口，也没有缝合，村里的赤脚医生只是给予压迫止血，然后简单地包扎了一下。我的同学就像战场上"挂了花"的战士被我母亲送回家了。

那天,我单独回到家,因为自我恐惧过度,感觉很疲惫,就和衣躺倒在床上。

但是,内心里却控制不住地胡思乱想:

想到同学的家长别来我家吵闹打我;想到我的父母别因此而打我;想到受伤同学别因此而感染上破伤风;想到受伤同学别因此而死了……

如此一来,我越想越乱,越想越恐惧不安,晚饭,也没有了胃口,甚至连村里难得放一次的电影也没有心思去看了。

也许是因为我一直比较听话,也许是因为我是家中的老小,也许是因为我从小长得比较清秀,也许是因为我从小还算聪明,总之,我的父母从来没有打骂过我。

晚上,父母都回来了,看到我躺在床上害怕的样子,都微笑地安慰我,耐心地劝说我下床吃饭以及去看电影。

我匆匆地吃了几口饭,就又躺到了床上。哥哥与姐姐都扛着凳子去村中心看电影了,父母则平和地拾掇家务陪着我。

那晚,我做了一晚上噩梦。次日,看到受伤的同学已经把头上缠绕的纱布扔掉了,而且,仍然如小马般地疯跑,我的内心才渐渐放松、高兴起来。

那天新闻中自杀的初二少年,也不过是与同学玩耍时,不慎令同学摔伤了。这样一件小事情,老师的处理方式却是:一方面,把这个少年带到办公室"批评教育"了三个小时;另一方面,立即把少年的妈妈叫到学校领着受伤的同学去医院看病。

这个初二少年，在被"批评教育"的三个小时里，脑子里联想到的各种不良后果及内心产生的诸多恐惧不安，应当与我小时候"惹大祸"后产生的"灾难性联想"无异。只不过，我的幸运在于：

我不但没有被老师"批评教育"，还及时得到了父母慈爱的抚慰。

多年前，我的儿子上小学四年级时，一天在体育课上被同学绊倒而摔断了右上臂，当即被他妈妈送到医院做了牵引正骨外固定。

当天晚上，儿子的"肇事"同学随父母到医院看望我的儿子。看到儿子同学那怯怯的眼神，我微笑地拍拍儿子同学的肩膀说："没关系，别担心，很快就会好的，好了再一起玩。"

并且，我特意让他的父母别责怪孩子，因为孩子是无意的。儿子的同学也就没出什么心理问题。

人处于少年儿童时期，因为内心对社会还没有一个客观、全面、整体的认识，所以，很容易对自己所犯的错误盲目夸大，产生"灾难性联想"，进而，内心就会产生"灾难性的恐惧"。

此时，如果家长、老师、领导看不到孩子已经处于自责、内疚、恐惧的心境，仍然盲目、武断地去指责、恐吓孩子，孩子就会真正感到无助与绝望，可能会轻率地选择自杀以获得解脱。

一个正上初二的花季少年，就这样悄悄地走了。这件事让人悲痛、惋惜之余，理应引起父母、老师的警醒与反思。然后，人们应思考如何避免类似惨剧的继续发生。

驯服动物与驯服孩子

在历史上,西楚霸王项羽驯服野马"乌骓"的故事广为流传:

据说野马"乌骓"当初被捉到时,野性难驯,别人休想骑上它,就是勉强骑得上的也会立刻被它摔下来。争强好胜、桀骜不驯、力可拔山的项羽听说后,便想一试。他驯马有术,一骑上"乌骓",就扬鞭奔跑,一林穿一林,一山过一山。这马非但没把他摔下,反倒汗流如柱,精疲力竭了。霸王不慌不忙骑在马上,忽然用手紧抱住一树干,想一下把马压制得动弹不得。谁知"乌骓"也不甘示弱,拼死挣扎,结果那树连根都离开了山土。如此这般,"乌骓"即刻就被霸王的"拔山"之力折服了,心甘情愿地供霸王驱使了一生。

在动物界,大象可以说算得上是绝对的庞然大物了,可是,马戏团里的大象们却表现得很温顺。它们是怎样被训练得如此听话的呢？

小象很贪玩，喜欢到处跑，然而，即使是再小的一头象，它的力量也不小。因此，人们就在小象的腿上拴一条铁链，另一头固定在铁栏杆上。

一开始，小象很不习惯这样被绑住，它开始变得很狂躁，用力去挣脱铁链的束缚，却又怎么都挣脱不掉。这样，当小象经过多次努力后，还是无法挣脱铁链时，就安分了下来。它知道无论自己怎么努力，这一切都是徒劳的。于是，小象开始习惯了铁链，只要用铁链将小象套住，小象便知道自己无法挣脱。

慢慢地，小象长成了大象。它也能做很多表演，也能搬运很重的东西。这时，他要挣断那根铁链，也许是轻而易举。可是，大象再也没想过要那样去做了。因为，在大象的记忆里，铁链是牢不可破的。它已经失去和命运抗争的勇气与斗志了。

西方心理学家曾经做过著名的"跳蚤实验"：

把跳蚤放在桌上，一拍桌子，跳蚤迅即跳起，跳起高度均在其身高的 100 倍以上。跳蚤堪称世界上跳得最高的动物。

科学家在跳蚤头上罩一个玻璃罩，再让它跳，这一次跳蚤碰到了玻璃罩。连续多次后，跳蚤改变了起跳高度以适应环境，每次跳跃总保持在罩顶以下高度。接下来，科学家逐渐降低玻璃罩的高度，跳蚤都在碰壁后被动改变自己的高度。后来，当玻璃罩接近桌面时，跳蚤已无法再跳了。

于是科学家把玻璃罩打开，再拍桌子，跳蚤仍然不会跳，变成

"爬蚤"了。

天真无邪的孩童，

眼中全是好奇，

口中皆是疑问，

行为充满错误。

中国的一些家长比较强势、武断，几乎是简单、粗暴地否定孩子的新奇思维，包办、代替了孩子的独立思考。时间稍久，家长们就有意无意地把孩子驯服了。孩子就认为家长总是正确的，习惯了凡事都去问家长，忘记了自己还可以独立思考。

家长对孩子说教的负面语言内容，对孩子的思维具有驯服般的"雕塑作用"。比如，有一个儿童，父母老说她很笨，结果到了学校，所有老师也都这么说她，所有的同学也都说她是个笨蛋。结果，她的内心就认定自己是个笨蛋，不去用心思考，不去尽心学习，在别人面前总是自卑。然而，某天，她意外地聪明了一次，就会立即打破她的自我设限，变得自信、灵透起来。

其实，约束小象的不是那根铁链，而是用奴性建筑的心理牢狱，给小象戴上了一个无形的心理枷锁。

有很多和小象命运一样的孩童，当面对多次的批评、指责，面对多次的努力仍旧失败的时候，就会连多努力一次的勇气也没有了，进而陷入了失败的牢笼而无法自拔，以至于在这样的枷锁下，无法前进，故步自封，觉得自己真的不行，完全丧失了人生的斗志。

很多人，不敢去追求成功，不是追求不到成功，而是因为他们自幼就在心里面也像跳蚤那样默认了一个"高度"，这个高度常常暗示他们的潜意识：成功是不可能的，绝对是没有办法做到的。

其实，让这只跳蚤再次跳出一定高度的方法十分简单，只需拿一根小棒子突然重重地敲一下桌面；或者拿一盏酒精灯在附近加热，当跳蚤热得受不了的时候，它就会"嘣"的一下，跳起来。

心理咨询也是如此。面对垂头丧气、意志消沉的青少年，咨询师要善于发现孩子的优点、亮点；然后，肯定、赏识孩子的亮点，借这一亮点，以"激发、点燃"孩子的勇气、自信。

比如大发明家爱迪生，老师、同学都说他是个笨蛋，爱迪生气馁地回到家中，他那伟大、智慧、温和的母亲却拍着他的肩膀说："儿子，在妈妈眼里，你是最聪明的……。"

当爱迪生因为事故失聪时，妈妈紧紧地握着他的手说："稍微有些听不清，没有关系呀！你还有健康的身体，长着漂亮的眼睛和鼻子，如果振作精神继续学习，前面的道路一定很开阔，你不能放弃自己的理想啊！"

爱迪生自幼得到了妈妈无尽的爱，在他的内心深处，无论什么时候，无论什么场合，他都能感受到妈妈的宽容、温和与鼓励。面对孩子的疑问，他的妈妈从不耻笑、压制，也从不给他标准答案，而是耐心地和孩子一起翻阅百科全书，和他一起思考，帮助孩子对科学感到好奇。而孩子有了这样的好奇心，就会有求知欲，就会积极主动、乐此不疲地去探索、学习。

其实，人类也是动物，只不过会制造、使用工具。所以，驯服动物与驯服孩子的道理绝对是一样的。

有时,遇到强势、专横的父母,孩子比动物还容易驯服,变得自卑、退缩、无助。

有时,遇到诈骗、非法传销等,少数成年人也比动物更容易驯服,变得感性、疯狂、呆傻。

聪明的您,思考一下:

您自幼被家长驯服了吗?

您驯服了您的孩子了吗?

一个强势的妈妈

一天，在朋友介绍下，一个特别强势的妈妈愁眉不展、急躁不安地独自带着她那木偶般的 13 岁的儿子来找我咨询。

这个妈妈讲话声调很高，语速很急，神态烦躁。她才对我讲了几句话，竟然就让我这个内心定力较强的人对她产生了厌烦感。

我的心中暗暗思忖：这个孩子真不幸，今生，命运里遇到了这样一个强势且头脑不清醒的妈妈。

如此强势的妈妈，平时肯定对孩子的指责、批评比较多，这样，就把孩子的张扬、勇敢、活泼等积极乐观的个性给压制住了，就会令孩子养成退缩、懦弱、孤僻的不良个性。而这些弱势负面的不良个性，恰恰是这个强势妈妈所鄙视的，因此，她就会更加训斥她那内向懦弱的孩子，她的孩子就更加恐惧、退缩，如此，形成恶性循环。

相由心生——这个强势妈妈因为长期急躁烦闷,紧皱的眉头即使在大笑时也舒展不开了。

这个 13 岁的初二男生,应是意气风发的少年,举止却像一个僵化刻板的木偶,在我面前少言寡语,行动僵硬呆板,尤其是颈背部总是硬挺挺的,完全没有了青春少年的活泼、放松与灵性。

该男生因为惧怕在教室里学习而待在家中已经三个月有余,近一周有自杀的企图。

为了给孩子僵化的现状"破冰",我问他妈妈孩子有什么体育爱好,他妈妈说他上小学时特别喜欢踢足球,上初中后,因为全力以赴地投入学习而被迫放弃了。

我的治疗方案:

首先,必须服用抗抑郁药物;

其次,趁此时正值暑假期间,给他报名参加足球训练班,以打破他僵化的内心与僵硬的身体;

最后,我予以做家庭心理治疗,以"打压"强势的妈妈,提升弱势的爸爸。

这个强势的妈妈很固执,不同意给孩子报名参加足球训练班,振振有词的理由是:那样不就更耽误学习了吗?

既然该妈妈如此刚愎自用,我也就只好退而求其次:下次复诊时,必须让爸爸一起来。

两周后复诊时,我设法鼓励他爸爸去给孩子报上名,结果,才训练了五天，孩子就表现得有说有笑了，身体也不僵硬了。

体育运动，是天然的抗抑郁剂，大运动量后，人体内会分泌一种叫"内啡肽"的神经递质，这是一种天然的生理兴奋剂，可以让人有愉悦感、幸福感。

在德国，轻、中度抑郁症一般是不予以药物治疗的，而是使用"运动疗法"，尤其是使用像打篮球、踢足球这样的团体运动。人在团体的嬉戏运动中，可以很好地宣泄情绪、锻炼人际交往能力及培育情商。

该僵化如木偶般的男生，恰恰特别喜欢踢足球，让他尽快去踢足球，对他来讲，就是当下最快最有效的"破冰"方法。

当代西方心理学理论认为，一个正常的家庭关系是：父亲像鹰，给孩子坚强、阳光、大度等阳刚方面的影响；母亲像鸽子，给孩子温和、慈爱、勤劳等温柔方面的影响。在欧美地区，人们把妈妈强势的家庭称作"功能失调性家庭"，即：妈妈强势，家庭成员间各自的功能作用就会失调，家庭成员的心智成长就会失常。

在我的多次当头棒喝及疏导之下，而今，这个强势的妈妈已经有了很大改变，家庭关系已经逐步协调，孩子也快停用抗抑郁药物了。

"顽固不化"的问题家长

　　一天,我的好朋友介绍了一个12岁的初一男孩来心理门诊咨询。该男孩的问题是:拒绝上学已经一个月有余。

　　该男孩出生于农村,自幼被爷爷奶奶及父母溺爱无度,自然而然地就养成了以自我为中心、任性、急躁、自控力差等不良个性,以至于:

　　在家里,家人都供着他,他俨然是"小祖宗""小皇帝""小霸王";在家外,没有人会像家长那般去哄他玩,小朋友们都避而远之。

　　因为该男孩的智商还算高,对于小学阶段的简单课程,尽管没有努力学习,成绩在班里也尚属中上等。但是,因为没有养成良好的学习习惯,两个多月前升入初中后,他感到学习越来越困难,对学习越来越厌烦。

一个月前，该男孩开始坚决拒绝上学，天天在家里看电视或打游戏，把家长们督促他上学的话当作耳旁风。三天前，"自作聪明"的他故意写了一张"遗嘱"丢在堂屋的椅子底下，不到半天就被他的母亲发现了，并且立即引起了所有家长的高度重视。该男孩呢，就顺势说自己"抑郁"了，主动要求到医院看病。

该男孩为何主动"让自己得病了呢"？

因为这样他就能理所当然地躲到病里去，达到"因病获益"：

我现在是一个有病的人了，无法去上学了，今后，谁也别逼我去上学了。

心理学上有个原则：问题孩子必有问题家长！如果孩子出了问题，结果在孩子，原因在家长！或者说，环境造就人，有什么样的家庭环境就会培育出有什么样个性的孩子！

既然原因在家长，那么，心理医生的正确咨询思路就必须是：让家长意识到原因在自己，然后帮助家长进行改变；家长改变了，孩子自然就随之改变了。

然而，该孩子的父母却把改变孩子的期望全放在心理医生身上，对我让他们必须改变的建议置若罔闻。

既然父母不配合，作为心理医生的我，也是爱莫能助。

一天，一位爷爷带着 17 岁的孙子来咨询。该孙子的问题：学习散漫，与同学不合群。

该爷爷系退休干部，自视甚高，从孙子上幼儿园开始，就几乎全权负责孙子的生活起居。他的儿子儿媳呢,则乐得清闲,把对儿子的引导教育完全放权给了他的爷爷。

该爷爷对孙子的教育,几乎从没有一些明确、严厉的规矩,即使偶尔有规矩,也总是采取"摇摆"的态度——即使孙子违反了规矩,也不予以明确指出错误并予以惩罚,以至于孩子在成长的过程中不长记性、不懂规矩。

再者,该爷爷对孙子的生活包办、代替得太多,导致孙子的情商、心理年龄均很低。

如此这般的教育,导致孙子的学习成绩、与同学交往的能力均很差。

我对该爷爷详细分析了隔代教育的诸多弊端,试图让其明白爷爷的养育代替不了父母的关爱及教导。但是,尽管我苦口婆心地说了一通,该爷爷却就是微笑不语。因为,该爷爷也是把改变孙子的期待完全寄托在心理医生身上了。

慈父多败儿

一个周末的上午，我用了两个多小时的时间完成了一个初中男生的咨询。

孩子的爸爸，在孩子上初中之前，一直固执地坚持"不用管束孩子，树大自然直"的自以为是的育儿理念，所以，不但自己不去管教孩子，还坚决不让孩子的其他家长去约束孩子。

结果呢，孩子人性中的诸多弱点，因为没有外在的约束及自我的克服，几乎全部暴露出来：

自私、任性、懒惰、偏执、退缩、懦弱、虚荣等。

这样的性格必然使这个孩子情商很低，心理年龄远低于同龄孩子。

其具体表现在：

在饮食方面，不喝开水、稀粥，只喝饮料；不吃家中做的饭，自己随意任性地去买路边的垃圾食品。

如此不健康的饮食习惯，必然导致他时常感觉胃部难受，便秘很严重，身体很瘦，身高偏低。

在人际交往方面，他讨厌抵触所有管教他的人，包括家长、老师等，只要有人试图引导他，他就会皱眉闭目地捂住耳朵。

在人生梦想方面，他讨厌读书学习，以后的人生目标是：

开一个小卖部，可以随时随意地吃零食。

俗言：没有规矩，不成方圆。

严父慈母中的"严父"的作用就是：

父亲必须对孩子严厉，给孩子定立明确明晰的规矩，并且，严格监督孩子执行规矩。进而，孩子就会懂规矩，按照规矩做事情。

"严父"教孩子懂规矩的最佳年龄阶段是什么呢？

俗谚：三岁看大，七岁看老！

七岁之前，孩子情商的可塑性最强，一旦超过七岁，尤其是到了 13 岁以后的青春逆反期，孩子的很多个性、素质、习惯已经具备雏形，再去改变，就是很难、很慢的事情了。如果家长不太配合心理医生，那就是极难的事情了。最终，别说孩子成才，成人都是很难的事。

古人云：

玉不琢，不成器！

然而，

玉太琢，也不成器；

玉乱琢，也不成器！

故而，"严父"是雕琢孩子的最起始、最关键的人，还必须要把握严厉的尺度。

故而，育儿，必须要有"严父"，以令孩子——

懂规矩，

成大器。

否则，必然是——

慈父多败儿！

必须让儿子多带孙子

一天上午，一位第四次来复诊的男士高兴地对我说："近几个月，我完全按照您的要求去做，改变了以前全是我与老伴带孙子的做法，想方设法地尽可能让我儿子多带我孙子，效果很好。我儿子对我孙子的感情越来越深了，我孙子也越来越愿意找他爸爸了，对他爸爸给他买的礼物特别看重，只要他爸爸回来，就缠着他爸爸。这样我心里就有空了，内心轻松多了。我近期常想，我在最郁闷的时候遇到您，是我不幸中的大幸，真的对您很感激！"

该男士家境很殷实，他本人系独子，他的儿子又系独苗，所以，该男士对他的儿子特别溺爱无度，导致儿子只知自私地向别人索取，不知对父母感恩回报，学习比较差，做啥工作也不持久。

他儿子结婚后，该男士很快就有了孙子，因系三代单传，全家皆大欢喜。该男士与老伴就把养育孙子的责任全部揽了过去。

人，是感情动物，接触才会产生感情，接触多了，才会感情深。该男士与老伴把孙子完全罩在他们两个的羽翼之下。孩子有奶就是娘——孙子对爷爷奶奶表现得特别依恋，看到他的爸爸反而总是大哭不止。

该男士的儿子无聊之下，被一帮朋友怂恿着到外地投资做生意，不到半年，不但血本无归，还在那帮不良朋友的故意诱惑之下染上了许多不良嗜好。

该男士在社会上打拼多年，阅历很深，深知一些不良嗜好对人、对家庭的致命危害，所以，当他偶然得知儿子的一些不良嗜好时，震惊得犹如晴天霹雳一般呆立在那里，对儿子以后的健康、前途，越想越恐惧，越想越郁闷。

该男士，毕竟是见过大世面的人，震惊之余，立即把儿子从外地强行带回自己身边。他此举的目的有三个：

第一，使儿子脱离那帮口蜜腹剑的朋友。

第二，苦口婆心地给儿子讲解沾染不良嗜好对家庭及自我的不利影响。

第三，严格控制儿子的日常开支，以令其无钱进行不良消费。

尽管儿子对他信誓旦旦地承诺要戒掉不良嗜好，但是，该男士却怎么也不再相信儿子，内心总是像压着一块巨石，整天眉头紧锁、郁郁寡欢。他久郁成疾，于三个月前，因"胸闷、气短、乏力入住我院"。

入院后,因其天天眉头紧锁,他的主管医生就让我去病房会诊。会诊时,在我的诱导之下,该男士倾诉了上述巨大压力。

当时,我对该男士表示深深的同情,对他的担心忧虑表示了深深的理解,如此一来,立即就赢得了该男士对我的信任,迫切地向我请教下一步该怎么办。

我对该男士一方面用药,一方面告诉他如何引导他的儿子:"养儿方知父母恩——必须让您的儿子去亲自养育他的儿子,您的儿子只有在真正抚养、看护他的儿子的过程中,才会真正体会到您将他养育成人的艰难,才能真正明白您对他的养育之恩,进而,才会真正明白您的苦心劝导。只有令您儿子与您孙子尽可能地多交往,才会激发出您儿子对您孙子的舐犊之情,才会把他对他儿子的责任心激发出来,才会让他为了养育他自己的儿子而下决心真的戒掉那些不良嗜好……"

一个长相标致而言行粗糙的女生

一天，朋友介绍一个 13 岁的女生来心理门诊咨询疏导。

该女生，五官长得很标致，然而，言行却很粗糙。

环境造就人，问题孩子必有问题家长！家长对其自幼溺爱无度，对其没有设立规矩，令其言行就没有方圆，令其没有养成良好的自控力，令其没有养成吃苦耐劳的精神，令其心理年龄很低，令其情商特别低。如此这般，必然直接导致她的小学学习成绩就特别差。

勉强小学毕业后，她于一个半月前，自费去上了一个舞蹈学校，因为不能与同学和谐相处，拒绝上学已经一个月。

近一个月，她在家中表现得很神经质，无原则地要求家长买这买那，达不到要求，就年龄退行，立即表现得像一个几岁的孩子那样哭闹撒娇，把家长折腾得身心疲惫。

该孩子的心理问题，几近"病入膏肓"，几近"朽木不可雕"，再引导改变，是极难之事。

简单咨询后，吾感叹如下：

第一，溺爱，绝对是害孩子，不但使孩子成不了才，还成不了人。

第二，玉不琢，不成器！家长必须恰当严厉，才会令孩子知道什么是规矩，才会培养好孩子的情商。

第三，舞蹈等艺术也需要修心。

内心平和，才会内心柔软，才会身体柔软；

内心有涵养，才会内心优雅，才会舞姿优雅。

第四，窈窕淑女，君子好逑。

窈窕是外表美，靠修身而得；

淑女是心灵美，靠修心而得。

如果只是"长相标致"而"言行粗糙"，

只会令人欣赏一时，

不会令人欣赏一世。

催眠寻因

一天，一位朋友介绍一个高二女生来心理门诊。该女生自幼要强，勤奋好学，顺利考入当地最好的重点高中后，学习成绩一直位居中上游，在亲朋好友中是有口皆碑的重点大学的好"苗子"。

两周前，该女生出现：只要在教室里，就烦躁不安，总感觉不如别人的学习效率高，看到别人都在埋头认真学习，就更加觉得自己没有效率，就更加无法静心学习。

于是，为了不看到别的同学，为了不受别的同学的"干扰"，该女生强烈要求把座位调到教室里最后一排的墙角里。但是，即使在墙角里，她也仍然感到紧张不安，无法安心学习及听课。然而，一旦离开教室的环境，她的内心就轻松舒畅了，在家里就更是一点儿也不紧张。

如此这般，尽管她自己也很想在教室里正常学习，但是一走进教室就立即紧张不安、胸闷气短。目前，她已经一周无法上学。

在咨询伊始，该女生只是烦躁地诉说自己的痛苦体验，她也不知道为何会变成这种状态。她一一回答我的问题：老师没有批评她；同学没有欺负她；没有明恋、暗恋的男朋友；父母的关系也很好；家庭中也没有什么变故。

然而，有果必有因！

问题出现了，肯定有导致这个问题出现的必然原因。只不过——

这个原因有时存在于意识层面，患者本人能清楚地意识到；这个原因有时存在于潜意识层面，患者本人就意识不到了。

一个问题的原因，如果它存在于意识层面，就会令患者时时想起。此时，如果患者对其既无办法有效化解，又做不到坦然放弃，就会时时纠结，痛苦不已。为了避免这种痛苦的出现，聪明的潜意识就会运用心理防御机制中的"潜抑"原理，把这个患者时时纠结痛苦的原因有意、无意地压抑到潜意识里去。但是，这种消极的防御机制，类似于掩耳盗铃，只是自我欺骗而已。因为，现实中的问题仍然存在，只是在意识层面暂时感觉不到了。然而，这个痛苦因素在潜意识里却仍然活跃，压抑的次数越多，就越活跃。当压抑到一定程度时，就压抑不住了，人就会出现不明原因的烦躁、发火、紧张不安。

寻找潜藏在潜意识里的"心结"的有效工具之一，就是催眠技术。

因此，我就给该女生做了催眠治疗。

在催眠的过程中，出现了两个心灵场景：

其一，她看到自己家的客厅里供奉着祖宗的牌位，而且不敢正视祖宗的牌位，一旦试图正视，内心就会紧张不安。

其二，令其与内在的"白发智慧老人"交流，即与内在心灵的"真我"交流，结果，智慧老人告诉她：她目前是在逃避困难、麻痹自己。

催眠结束后，该女生就开始啜泣着诉说：姑姑家的表姐比她大七岁，天资特别聪颖，初中时就跟着教学视频学习法语与韩语，高二时作为交流学生到韩国读书，大学考取的香港中文大学，目前在美国哈佛大学读硕士。而姨姨家及舅舅家的表哥表姐们最差也都考取的二本学校，所以，亲朋好友们每次与她见面，都会好意地激励她至少要与哥哥姐姐们一样，考取一个重点大学。而她，也觉得自己不笨，就一直暗中发奋努力，不容许自己有丝毫的松懈，不容许自己有丝毫的学习效率不高。如此一来，她就必然持续地自己给自己加压，就必定持续地令自己的内心紧绷着，天天如此紧张地努力，累积久了，就感觉太累了，内心就受不了了。

该女生倾诉完自己长期以来压抑的心结，就如同卸下了压抑在心头的沉重心理包袱，当时就轻松、平和了很多。

如此这般，我通过催眠寻因，令该女生压抑到潜意识里的心结很自然地浮现到意识层面，进而，在意识层面，把这个心结化解、升华。

书呆子爸爸培养书呆子儿子

从"问题家长培养问题孩子"的角度重温一个典型案例：

一个晚冬周六的上午，一位中年男士独自来到心理门诊，为他上高二的儿子咨询问题。

该男士说他的儿子学习成绩很好，在泰安最好的学校里占高二级部的前五名。但是，近两周来，自幼就学习特别勤奋的儿子，出现间断拒绝上学的现象，而且愈演愈烈。孩子昨天一天没去上学，家长稍微催促就哭泣不止，今晨没有起床，也没有吃早饭。家长哄劝无效之后，在亲戚建议下来求助心理医生。

我与该男士交流了十多分钟后，该男士连连说我讲得有道理，遂对我直接提出了有些令人哭笑不得的要求：

我下班后必须到他家里去咨询他的儿子！

对此不合理的要求，我不假思索地就拒绝了。然而，该男士的反应却更直截了当："为了救我的儿子，今天你去也得去，不去也得去！我就在你诊室门口等着你，下班后我带你去我家！"

因为我深知中学阶段的孩子最容易因一时冲动而寻短见，所以，我心中暗想：

对于像该男士这样如此实在而偏执的人，他以救他的儿子为理由"要挟"我，如果我执意不去，而他的儿子却真的出了问题，那就十分遗憾。这样的不幸，还是不要发生比较好。

救人如救火！

于是，我苦笑着对他说："如果说是为了救您的儿子，那我下班后就跟您去看看吧！"

等我下班后，该男士才有机会对我透露了更多的家庭信息。

原来，该男士毕业于厦门大学，大学毕业后，分配到泰安市某高校任老师。有了儿子后，他就把所有的爱，就把对未来生活所有的期待，都倾注到了儿子身上。

该男士本来就是一个典型的书呆子，工作之余，几乎没有社交活动。从儿子上幼儿园起，该男士就立志于把儿子培养成为能考上清华、北大的高才生，就开始想方设法地教儿子学习文化知识，购买了相应的学习材料，让儿子额外做大量的习题以强化课本上的知识点。

如此一来，该男士几乎完全把自己封闭在"单位—家庭"这个极其简单、刻板的空间里；同时，也把儿子几乎完全封闭在"学校—家庭"这个极其单调、乏味的圈子里。

现代心理学认为：良好的人际交往，是健康心理与健全人格的基础。

该男士在自己成长的过程中，只有埋头苦读，没有良好的人际交往，以至于成为"智商高情商低"的书呆子；他的儿子在成长的过程中，心中只有学习，上高中后，为了发掘、利用一切可利用的时间，在他爸爸的"英明"引导下，即使是走着路、吃着饭也要背诵、思考学习方面的内容。更不可思议的是——该男士，竟然认为儿子课间十分钟与同学讲话都是浪费时间。所以，他的儿子自幼没有一个朋友，必然就与该男士一样，归属于"智商高情商低"系列的人。

我们到了他家，尽管已是中午时分，他的儿子却仍然在床上蒙头昏睡；他家中的陈设十分简单、陈旧而凌乱，令人感受不到丝毫浪漫、蓬勃的艺术气息。

我在该男士夫妇的陪伴下坐在孩子的床旁，对孩子娓娓而谈。不到十分钟，孩子就要求起床穿衣。然后，我们在客厅又共同交流了近两个小时。全家三口都很高兴，孩子当天晚上就上自习去了。

不承想，大约三周后，该男士又找到我："孩子昨晚下自习后说太累了，想跳泰山大桥……"

我对该书呆子爸爸又反复强调："必须引导孩子降低学习目标，才会真正釜底抽薪般地缓解孩子内心的重负……"

　　然而，多年来，该男士一门心思地想培养儿子考清华、北大，让他给儿子降低学习目标，他无论如何也接受不了，就低头悻悻地走了。

　　此后，该书呆子爸爸再也没有找我咨询。

不是有心理病，而是没自控力

一个高一女生，在两个月内，到泰安、济南、北京多所医院的神经内科、精神科、心理科就诊，或诊断为"嗜睡症"，或诊断为"情感障碍"，一直没有确诊，一直治疗没有效果。后来，她家人在朋友的建议下约我到咖啡厅给该女生进行咨询。

我边观察她的非言语表达边询问病史，同时在心里暗中分析：

其一，该高一女生的身体很"臃肿"，穿着很邋遢，站没站相，坐没坐相。

其二，她做打游戏等感兴趣的事时，从没有睡着过。

其三，在一天中，她只是不定时地想睡就睡，每次仅半小时左右，每天仅睡一次。

其四，我与她开玩笑时，她笑得哈哈的。

于是，我对该女生及其妈妈说："她既没有嗜睡症，也没有情感障碍，而是没有自控力！尽管她已经 16 岁了，但是，她在自控力方面的心理年龄，仍然停留在 5 岁之前，就导致了她想睡就睡，尤其是她晚上玩游戏玩得太晚的时候。第二天，她就必然会十分困倦，需要白天随时睡一觉去补上晚上缺的觉。也正因为她没有自控力，才不控制饮食，导致身体臃肿；正因为她的心理年龄很小，她才不注重穿衣打扮……"

该女生与她的妈妈，边听我的分析边相互会心地微笑。

"嗯，我这个孩子，是老二，从小家人就对她很溺爱，什么事都依着她。她学习也不用功，凭借还算聪明，勉强考上了最孬的普通高中，一上高中，感觉课程太难了，不愿意上了……"她妈妈不避讳她女儿地说道。

喝了两杯咖啡，母女俩因为摘掉了有病的帽子，连声道谢地高兴轻松地走了。

故而，作为心理医生，对于来咨询的病人，必须从现病史、既往史、家族史、病前个性、心理年龄、情商等多方面予以综合分析、评估；然后，再予以一个恰当、客观的诊断；最后，予以一个综合的指导、治疗。切忌仅凭一两个症状就一叶障目，简单、武断地诊断为"嗜睡症""情感障碍"等疾病，给病人戴上一个"有病"的帽子。

孩子心智成长的三个阶段

发展心理学理论认为,孩子心理成长的过程中,有三个明显的发展阶段,即:

儿童时期对父母依恋;

青少年时代对家长逆反;

成年早期对父母亲情回归。

我的儿童时期,也许因为比较听话,也许因为比较聪明,也许因为长得比较秀气,也许因为是家中最小的孩子,总之,父母从没有打骂过我。

但是,尽管如此,我依然对我的父亲很畏惧,以至于父亲一个严厉的眼神飘过来,就会比较恐惧。所以,我童年时期不敢做"坏"事,更不敢做"违反原则"的事情。那时候,在家长、老师、亲朋、邻居的眼中,我,俨然是个诚实、忠厚、听话的好孩子。

记得好像是在小学二年级时夏季的一天,有人发现田地里的一口大机井中漂浮着一具女尸,我也随着喧闹的大队人群到水井边去看。结果,到了晚上,我总感觉那口水井就在院子里,吓得不敢到院子里的茅房里去小便,只是紧紧地抓住父亲那有力的大手,依偎在父亲身边。父亲微笑地安慰我,并且耐心地领着我打开门,带着我到院子里的茅房里小便,让我明白我的恐惧都是假想的、幻想的。那时,我对父母满是依恋。

上初中后,已经处于青春期的我,好像突然就变得对家长很逆反,嫌父亲用手动"推子"给我理的发型不好看,对着父亲烦躁地咆哮:"我不会再让你给我理发了,给我钱,我去理发店。"

我的父亲没有针锋相对地训斥我,而是微笑着转向我的母亲,很平和地说:"我这个老理发师一直给他理得不错啊,看来孩子长大了,让他去理发店吧。"

初一下半年时,我时常埋怨父亲与母亲的频繁吵架,感觉家庭氛围时常"阴雨连绵",就认定:父母的婚姻是媒婆介绍的,不是自由恋爱,所以吵架比较多,自己以后必须要自由恋爱。

那时,恰巧班里的女语文课代表也是一个多愁善感的孩子,她对她父母的吵架更敏感忧伤。因为我在语文小组里,所以,就与语文课代表接触得比较多。初一下半年,两个有着"共同语言"的少男少女,很自然地对彼此产生好感,经常在一起"互诉衷肠",越来越有同感与共鸣,喜欢彼此在一起的温暖感觉,坚信如果以后结婚,肯定不会吵架,自然而然地产生所谓的"早恋",一直持续到高二下学期,因为课业实在太紧张才分手。

当时,我的父亲就在我所在的初中教学,对我的"早恋",一开始就发觉了,但是,一直装作不知道。有着多年教学经验的父亲,肯定知道学生早恋会严重影响学习,但是,或许父亲更明白:如果对我横加干涉,我非但不会听话,反而会更加感觉到还是那个女同学亲切温暖,会促使两个孩子走得更近。

后来,我顺利考上当地重点高中的重点班,远离了父母,自己自由发展。然而,高考成绩公布后,父亲显然生气了,第一次对我严厉地说:"你看看从小不如你聪明的人都比你考得好……"失落郁闷的我也冲动地顶撞:"您看看人家的家长总在吵架吗?是因为家长时常吵架,我才早恋的……"

一向耿直刚烈的父亲,彼时,静静地听我说完,无言、无奈地走到家外,回避了他那年轻、不懂事、易冲动的儿子。

从那以后,我不愿与父亲多说一句话,不会与父亲坐下来温馨地喝杯茶,我的青春期逆反达到了顶峰。

时光飞逝,在我 29 岁那年,我自己的儿子"呱呱"落地,我,也成为父亲。瞬间,我就多了一个社会角色。我慈爱地抱着自己的儿子,很自然地就感觉到多了一份沉甸甸的责任与义务,当即,很深刻地意识到:以后,我不是为了自己一个人而活着,还为了抚养、教育我的儿子。

此时,我突然发现:我自己的父亲的脸庞已经变得苍老,腰背也不再挺拔,两鬓已经斑白,我在童年时期害怕时紧紧依恋的、依靠的、健壮的父亲已经那么沧桑苍老了!

此时,我不用任何人教导,内心与父亲多年的逆反、抵触、隔阂、敌对,瞬间冰雪消融,能自然而然地坐下来与父亲喝杯茶,聊聊天,能感觉到父亲其实一直很慈祥、很亲切,才感觉到父亲一直都深爱他的儿子,就像我深爱我的儿子一样。

此时,我才真正理解了朱自清先生在《背影》中抒发的父子深情,也真正明白了父亲多年的殷切教导:健康是福,平安是福。我再不会因为一点小事就暴跳如雷,再不会因为所谓的"面子"而企图与别人拼命了。

写本文时,我的儿子11岁,已经有了青春期逆反的苗头,而我,已经有了心理准备:我会像我的父亲那样,该装看不见的就装看不见;该冷处理的就冷处理;该说两句的就说一句。……我会多去亲近孩子,多静听他的内心表达,多让他参与更多的事……

等到某一天,我亲爱的儿子也会像我与朱自清那样,突然间发现自己父亲的苍老与深爱,父子间的亲密就会瞬间回归。

发展心理学理论认为,孩子心理成长的过程中,有三个明显的发展阶段,即:

儿童时期对父母依恋;

青少年时代对家长逆反;

成年早期对父母亲情回归。

人类社会,一代一代的人,皆如此循环无端……

对"问题孩子"的几点思考

近几年,父母"慕名"带问题孩子来找我咨询的越来越多,我呢,人善心软,总是朋情难却,以至于有一个礼拜天安排咨询了三个问题孩子。

在用心咨询的过程中,我对问题孩子有几点思考:

其一,孩子,是否能够长大"成人"——

无关孩子的学习成绩好坏;

无关孩子生长在城市还是农村;

无关孩子的父母是否有文化。

其二,环境造就人,环境改变人。

必须思考问题孩子既往、现在的成长环境,进而必须改变问题孩子现在、以后的成长环境。

其三,问题孩子,必有问题家长。

欲改变问题孩子,必须先改变问题家长。

其四,一切皆有可能——必须坚信问题孩子肯定能变好!

当代西方心理学坚信:

每个人内在的核心都是积极的、健康的;每个人的内心都渴望过一种成功的、幸福的生活。

故而,问题孩子之所以产生,不是孩子的错,而是家长的不恰当的引导教育导致的。必须坚信问题孩子的最根本内在也是积极的、健康的,父母、心理医生才会有爱心、有信心、有静心、有耐心、有恒心地去引导问题孩子慢慢改变。

咄咄逼人的父亲
——望子成龙之"过犹不及"

一天,在我的某位亲密朋友的介绍下,一位父亲陪同他的儿子来找我咨询。

该父亲在年轻时就脾气很大,一贯自以为是、刚愎自用,尽管在平时生活中"吹胡子瞪眼"地已经尽了十二分的努力,他的经济水平却仍处于一般水平。

既然,自己的生活已经不过如此了,该父亲对儿子的培养就尤其地重视,满心期待他的儿子能出人头地、光宗耀祖。在这种期待之下,该父亲对儿子的要求就特别严厉。

在父亲简单粗暴的"高压管制"之下,儿子自幼因恐惧被父亲暴打而"被迫努力学习"。如此被迫努力之下,儿子在初三之前,学习成绩尚处于班级中上游,进入初三之后,或许是因为儿子的青春逆反,或许是因为儿子的智力所限,总之,儿子的学习成绩日渐下降。

随着儿子学习成绩的下降,该父亲也就越来越焦虑,对儿子也就越来越咄咄逼人,儿子的学习状况也就越来越一天不如一天。

如此恶性循环下来,到初三下学期的某一天,儿子突然表现出兴奋、话多、吹嘘、乱花钱、易暴怒等诸多反常举动,无法正常学习与生活,无奈之下,因"躁狂症"住进某精神卫生中心。

该父亲殷切的望子成龙之心,无可厚非。然而,人世间的任何事情都是过犹不及的。

在该父亲一再的咄咄逼人、强力打压下,他儿子的意识层面再也压抑不住潜意识里累积已久的负性情绪,出现"躁狂发作"。

一天下午,我的某位旧友领着她的小学同学夫妇俩来找我咨询。该丈夫在家里特别强势而固执,如此一来,直接导致他的女儿形成内向、孤僻、偏激的个性,但是,因为该女儿智商很高,所以学习成绩一直很好。

经过诸多主观、客观的努力,大约三个月前,他的女儿作为交换生到美国读硕士。彼时彼刻,该丈夫为自己培养出一个很成器的女儿而心花怒放、自豪不已。

然而,两个月前,当他还持续地自我陶醉于"教子有方"的赞扬中时,他的女儿却因为无法适应美国的新环境而执意要求回来。

一个半月前,他曾经那么引以为豪的女儿从遥远的美国回到了家。令他始料未及的是,女儿出现了非血统妄想及妄想性回忆。

她坚信父母不是自己的亲生父母,坚信父母曾经用各种方式谋害她。女儿回到家后,妄图用各种方法杀害人世间最疼她、爱她的父母。

毫无疑问,他的女儿已经患上了"偏执型精神分裂症"。

在对我讲述女儿的病史时,该父亲仍然表现得咄咄逼人、自以为是,令我对他感到深深的同情与悲哀。

古语:三岁看大,七岁看老。

什么样的家庭环境,造就什么样个性的孩子。

咄咄逼人、刚愎自用的父亲,一般就会造就内向、孤僻、敏感、固执的孩子。

俗言:性格决定命运。个性不良的孩子,必然有不良的命运。

总之,在一个家庭中,父亲的个性不但决定自己的挣钱命运、快乐命运,而且,还决定了妻子、孩子的健康命运、幸福命运。

人生，没有意料之外的捷径可走

一天，在咨询一个孩子时，该孩子也坦诚、直截了当地对我说："今天，我之所以答应来与你面谈，是因为我以为会得到我意料之外的一些捷径可走。"

"你不要再掩耳盗铃了，你现在的角色就是学生，学生的任务就是学习，而学习，没有意料之外的捷径可走。唯有立即去学习，唯有反复去学习，唯有通过学习去获得成就感，你的内心才会真正放松下来，才会真正安静下来，才会真正客观地审视自己与别人。……"我当头棒喝般地揭穿他的逃避学习与自我欺骗行为，令他立时陷入沉思之中。

其实，人生，原本简单，简单到什么程度呢？

每天，在各方面，努力再努力！！！

因为,如果你不努力,没有人能代替你努力:

你的学习成绩,没人能代替你天天学习;

你的情商培育,没人能代替你天天社交;

你的肌肉强健,没人能代替你天天锻炼。

故而:

其实,人生,原本简单,简单到什么程度呢?

每天,在各方面,努力再努力!!!

如果,你付出了普通人的努力,你的人生结局就是一个普通人;

如果,你没付出普通人的努力,你的人生结局就不如一个普通人;

如果你付出了比普通人更多的努力,你的人生结局就是一个卓越的人;

如果你付出了忘我的努力,你的人生结局就是一个收获颇丰的人!

故而,人生,没有意料之外的捷径可走。

如果有,那只是逃避现实者的自我欺骗、自我消磨,结局唯有——

蹉跎了岁月,

葬送了自己,

痛惜了父母!

焦虑的妈妈，焦虑的女儿

一个女生上高二时，她姑姑家的孩子因为学习成绩优异，大学毕业后公费到美国读研。此事，立即引起了该女生妈妈的"羡慕、嫉妒、烦"。

该女生的妈妈是某重点高中的优秀老师，她当时自然而然地就想到："女儿的姑姑没有上过大学，更不是老师，就能把孩子教育得那么优秀，我作为教学能手，应当把女儿教育得更好才对。否则，岂不让亲朋们笑话。"

在这个育儿观念的指导下，从高二上学期开始，该妈妈就开始特别用心地"紧盯"孩子的学习：

主观臆断地替孩子制定学习目标；独断专行地帮孩子制订学习计划；刚愎自用地企图以挖苦、嘲讽的方式去激发女儿的斗志……

从那时起,该妈妈就失去了往日的平和与慈祥,始终处于焦虑不安的状态,也就制造了焦虑不安、阴云密布的家庭氛围,这就必然地令一家三口都处于焦虑不安的状态了。

该妈妈对女儿的学习很敏感,每每看到孩子的学习状态及学习成绩,就焦虑不安地联想:

这样下去,肯定考不上重点大学!肯定不会出国读书!肯定会被亲朋们笑话!……

因此,她就不时地对女儿横加指责,盲目地给女儿增加作业量,每天都陪着女儿学习到午夜12点以后……

该妈妈如此"呕心沥血"了几个月,女儿的学习成绩不但没有按照妈妈的预期大幅度地提高,反而不断地下降。

更要命的是,女儿因为感觉无论如何努力,也不会达到妈妈过高的要求,完全没有了学习的兴趣,产生了厌学情绪,总是以磨蹭、懈怠、麻木的状况与妈妈消极对抗。

故而,高二下学期开始不久,母女两人就因为感觉太累、太绝望,同时患上了焦虑抑郁,在别人建议下同时来看心理医生。

因为毕竟是优秀老师,妈妈的悟性还是很高的,在我的疏导之下,很快就意识到自己对女儿的"拔苗助长"式教育的错误所在;意识到任何事情都是"欲速则不达"的深刻道理;意识到必须首先对女儿关爱、赏识,以培养良好的亲情关系的重要性……

环境造就人,情绪具有感染性。

后来,妈妈平和了,就创造出了平和温馨的家庭氛围;女儿也就变得阳光开朗了,能够主动与妈妈谈心了,遇到学习的问题,能主动寻求妈妈的帮助了,学习成绩也就不断稳步上升了。

不幸的孩子

某天下午,一位年逾古稀的老者在老年三科李晓平主任的推荐下来心理门诊找我咨询他孙女的事。

该老者思维有些黏滞,表达意思缺乏主题与条理。不过,我经过认真聆听,很快就大体了解了实情:

该老者的儿子与儿媳自打婚后就时常吵架,而且是从不避讳孩子地吵架,吓得幼小的孩子时常给爸妈"拉架"。终于,在孩子四岁时,儿子儿媳因感情破裂而离婚,孩子跟着妈妈。孩子在爸妈离婚后,就极少与别人交往;即使与别人交流,话语也极其简单;平时也没有什么兴趣爱好;学习方面特差。

我综合上面几个要点,初步判断该老者的孙女为"孤独症",但是,不见病人,绝对不能真正确诊。

为何呢？

因为，该老者所诉说的只是他观察到的问题，而他看问题的角度受他本人既往头脑知识储备的束缚，就具有很大的表面性与主观性，所以，我必须亲自看看病人的真实状态，从我的专业角度审视一下孩子，给孩子做"精神现状检查"，才能真正确诊。

次日上午，孩子在妈妈、爷爷及姥姥的陪同下步入诊室。从观察孩子进门的那刻开始，我的第一感觉就否定了"孤独症"的诊断，与她交流了十来分钟后，就更排除了"孤独症"，而确诊为典型的"问题家庭导致的问题孩子"。

环境造就人！什么样的成长环境，就会造就什么样的个性类型的孩子。具体到这个孩子，她自幼在恐惧无措的环境中长大，内心就总是战战兢兢、惶恐不安，必然地就养成了内向、自卑、孤僻、敏感、退缩等不良个性，以至于从不主动与别人交往、交流，即使别人主动与她交流，她也只会低眉缩手地默然走开。

"这孩子急死我了，我恨不得……"她妈妈一脸愠色地直视着她的女儿。

"呵呵，她是您的亲生女儿吗？如果是您的亲生女儿，您为何对她没有表现出当母亲的人应有的慈爱、温和与耐心呢？"我微笑着以开玩笑的口吻"质问"她的妈妈。

她的妈妈立即微笑着放松下来。

"无论您对她的爸爸有千般不满、万般怨恨，但是，她，是您的亲生骨肉啊！您不应当把一些负性情绪发泄到无辜的孩子身上！

当然,我也理解您的诸多伤痛与不容易……"我对该妈妈继续疏导道。

此时,陪同孩子来的姥姥站起来,说:"这位医生说的很有道理,我们这些家长以前做的确实有很多不妥当的地方……"

我对该孩子的治疗方案:

第一,简单服用抗抑郁药物,以活跃情绪。

第二,予以系统的家庭治疗,以改变旧的、不良的亲子互动模式。

第三,让孩子参加长年的篮球培训班,以在集体活动的实践中自然而然地锻炼人际交往能力。

考前岂能无压力

一天，在我一个热心肠哥们儿的推荐下，一位爸爸带其正上高三的儿子来咨询。其主诉：胸闷三天，加重半天。

该高三男生，一贯学习甚好，回答：没有任何压力，学习方面也真的更无压力！

一般来说，面临高考的孩子都有压力，学习越好的孩子，因为家人及自我的期望值比较高，越怕考差了，压力就越大；而那些学习不佳的孩子，因为明知反正横竖都是考不好，反而压力很小。

故而，该优秀男生否认有压力，肯定是不符合科学规律的。然而，他的脉象，是能客观反映他的内在心态的。

于是，我给该男生把脉：脉象紧、弦。这说明他的内心很紧张。因此，我就断定他的内心肯定有压力、有冲突，只是他的意识层面没有明确意识到而已。

我问:"你现在的学习状态是什么样的呢?"

"学习方面,我按部就班地按照学校、老师的安排学习就是了。心态方面,我近期一直想设法保持一个比较好的心理状态,以到高考时正常发挥。"该男生快速地回答。

"你去做一个心电图,如果正常,就说明你的心脏确实没问题,你再回来找我。"我慎重地说道。

不到一个小时,该男生就回来了——心电图正常。

"学习,对你来说不是问题,对你确实没有压力。但是,你目前担心的是高考时不在状态而考差了,所以,你近期就设法调整自己,期望天天保持在一个好的备战状态。这样,你就会时刻关注自己是否不在状态,就不知不觉地进入紧张郁闷的状态了,而心身一体,进而表现出胸闷……"

该男生与其爸爸微笑着点头称是。

一位外表强势、内心僵硬的母亲

一天上午，一位外表强势、内心僵硬的母亲带着她上高三的女儿来复诊。

该女生不幸患上"偏执型精神分裂症"，我予以一个月的抗精神病药物治疗，该女生的幻觉、妄想症状就几乎都消失了。如此，对该女生"治标"的治疗目的，就轻易地达到了。

下一步的治疗重点，就是"治本"除根，具体策略为：

第一，改变她妈妈的强势、僵硬，以改变该女生的冷酷刻板的家庭成长环境。

第二，提高该女生的情商，以令其活得开朗、阳光、自信、放松。因为，一个内心强大的人，是不会怀疑别人会议论、谋害自己的。

　　然而,我很用心地与该女生的妈妈交流后,发现她的强势、僵硬似乎已成定式,达到刚愎自用、油盐不进的程度。

　　如此这般,我去改变她就是极难的事,进而,对该女生的"治本"也就是极难的事。

　　然而,

　　难,也要做!

　　故而,

　　环境造就人——

　　孩子病,家长致;

　　家长变,孩子变!

理性思考一下：您有什么病？

正值暑假，一位衣着华丽的女士从东平县专程来心理门诊找我表达谢意。她说经过我上次对她儿子进行的综合心理疏导及对她全家三口进行的家庭心理治疗，她那 16 岁的儿子对我特别认可，认为我的分析完全符合他的内心所想，已经在我的鼓励下勇敢地走出家门，按照我说的去专业篮球培训班打篮球五个下午了，并且打完篮球回家后，一次比一次高兴，情绪明显好多了。她明显地感觉到了儿子发自内心的放松与快乐，而且，孩子主动要求参加旅游团出门旅游，预定后天出发。……

事情是这样的，在此之前的那个星期天，我没有休息，在医院心理门诊临时值班。下午时分，门诊很冷清，她一家三口在我的诊室门口询问心理门诊的某某医生是否值班。我回答不值班，然后，一家三口就试探着说可否咨询一下关于用药的问题,于是,我就请这家人进入诊室攀谈起来。

原来,该家庭的 16 岁男孩在初中时期,学习特好,学习成绩总是稳居班里前两名。两年前,他没有悬念地顺利考入东平县最好的重点高中。在高一阶段,面对班里众多陌生的聪明同学,尽管他十分努力,但成绩只是位居班里中上游,再也找不到初中时期学习的轻松感与优越感,内心总是感觉郁闷,对学习渐渐失去了热忱与兴趣。

高二分班后,在新的班级里,几乎都是陌生的同学,没有同学可以畅聊苦闷,再加上高二课程的难度系数比高一又高出很多,该男生越学越觉得难,越学越急躁不安,越急躁不安越没有效率,陷入恶性循环。

既然有了厌学情绪,他就总是感觉睡不醒,在学校里学不进去,上课就趴在桌子上昏睡,回到家就找碴儿与家长发火。随着学习成绩的日渐下降,他与家长的发火冲突也日渐升级,甚至发展到与家长动手打架的程度。家长在万般无奈之下,不得不在别人的建议下去求助于心理医生。他进行了多次药物治疗,病情仍旧没有起色。

偶然的机会,如本文开篇所言,三个月前的暑假里,我接诊了该一家三口。当时我平和地逐一询问该一家三口:

请理性地思考一下,孩子到底有什么病?

结果呢,爸爸、妈妈及该男生都说不出有什么病。

然后，我一针见血、直指人心地对一家人讲："事实上，孩子就是没有什么病，如果说有问题，那也是很简单的问题，就是对学习的逃避。"

该一家三口听后，一边点头称是，一边情绪也随之放松下来。

"既然逃避学习，你为何还会烦躁不安呢？因为你内心也认为自己智力很好，内心也想学好，所以，当你逃避学习时，就与你内心对自己的期望相冲突，就会烦躁不安。这样，你越逃避学习，就越烦躁不安。而这些，是单纯靠服药无法解决的。所以，尽管你服用了大量药物，但是没有解决你对学习的逃避，也就没有解决你的问题。俗话说，心病还需心药医，你必须改变心态……"我趁热打铁地继续疏导道。

此时，该男生的脸上开始露出浅浅的微笑。

"第一，高中的课程就是很难，任何一个中国的高中学生都觉得很难，所以，你觉得很难，是很正常的事情。你应当迎着困难上，放松地、尽力而为地去学习，在学习的过程中，遇到什么困难，要乐观地、勇敢地去解决。只有这样，你才会生活得充实，内心才会平和。

"第二，你天赋很高，应当找回初中时期的自信，只要方法得当，考个普通一本是肯定没问题的。

"第三，父母是这个世界上最疼爱关心你的人，遇到任何问题，一定要与父母心平气和地商量，而不是盲目急躁发火。

"第四，你近两天就去打篮球。体育运动能令人体分泌一种兴奋递质内啡肽,可以令人产生愉悦感,这样,到 9 月 1 日开学时,你的身体、心理就调整得差不多了,就可以重新去上高二了。

"第五,再上高二后,绝对不能盲目逃避学习,遇到什么问题,可以来找我,我帮你从细节上分析解决。

"第六,心理学有个原则,孩子出问题,结果在孩子,原因在家长,所以,家长也必须反思改变。"我对该男生及其父母继续从具体细节上予以疏导。

最后,一家三口满怀希望地高兴地走了。

后来,我与该一家三口共同吃了三次饭,在吃饭的同时,发现哪个家庭成员的问题就及时地指出来,就相当于很自然地给他们做了家庭治疗。

一天,该男生的妈妈来找我取药,说三个月来,孩子的学习状态越来越好,与座位左右两边同学的关系也很融洽,每天都很高兴地去上学。

作为心理医生,我一般不给来诊的学生下个诊断是什么疾病,最多只是诊断为适应障碍、焦虑状态、抑郁状态、强迫状态等。并且,我同时会对孩子强调:你这只是成长的烦恼而已,每个人的心理状态都是动态变化的,一旦你意识到了自己的问题,并且积极地去改变,结果,你不但没有了疾病,反而比以前的你更优秀、更完美了。

故而,我对那些认为自己有病的孩子,一般都会适时弱弱地问一句:"理性思考一下,你有什么病?"

后 记

当下，有心理问题的孩子越来越多，对此，来求助的家长往往有以下误区：

第一，单纯依赖心理医生去改变孩子，而懒得去反思、改变自己。

殊不知，环境造就人，环境改变人。什么样的家庭环境，造就什么样的孩子。唯有家庭环境变化了，孩子才会相应变化。

第二，认为咨询一次就能解决问题，如果一次不能解决问题，就认为没有效果。

殊不知，旧思想的改变，需要一个渐进的过程，在这个过程中，需要不断予以纠偏、强化。一个最简短的心理咨询疗程，也需要8～12次；而长程治疗，需要两年以上甚至三年以上。

育儿，必须首重性格培养

一天一大早，一位朋友就急匆匆地在电话中向我咨询："一个16岁的高一女生，去年上初四时就说别的同学在背后议论她，近一个月，总是说有人用设备监控她，她内心想的事别人都知道了，不断自言自语，无法上学了。"

"哦，她可能得了偏执型精神分裂症，建议带她来找我看看，或者直接到省精神病医院去确诊。"我不假思索地回答道。

我为何凭借电话中的几句话，就这么自信地认为该16岁女生患上了精神分裂症呢？

因为，我在精神病医院工作的十年间，天天与众多精神分裂症患者打交道，对各种类型的精神分裂症太熟悉了。

一是，该16岁女生具备精神分裂症的病前性格：内向、孤僻、敏感、要强。

二是，该 16 岁女生具备精神分裂症的特征性症状：评论性幻听、被监控感、关系妄想、被害妄想。

三是，该女生没有自知力，严重影响了社会功能。

"啊？这个病怎么会让她得上呢？这不就麻烦了吗？……"该朋友在电话那头更急躁了。

俗言不俗，性格决定命运！

人有着外向、阳光、开朗、幽默、合群的性格，就会自然成长为一个正常的社会人；

人有着内向、阴暗、敏感、较真、孤僻的性格，就有可能成长为一个异常的社会人。

家长如果忽视对幼时孩子良好个性的培养，孩子长大后，即使在学习方面成了才，也极其容易在恋爱、婚姻、交友等方面出问题，从而影响一生的幸福感、快乐感，严重的还会出现精神问题。

故，育儿，必须首重性格培养，必须先成人，再考虑能否成才。

神经质的妈妈造就神经症的孩子

一天下午，一位固执女士很不情愿地带着她那 13 岁的女儿走进我的心理诊室。该女儿的主诉：从腹部到前胸游走性疼痛、呕吐、腹泻一年余。

因为几乎是每周都带女儿去看医生，而且，每次都是替女儿介绍同样的病情，所以，没等我问几句话，该妈妈就滔滔不绝地像背课文般把她女儿的腹疼、呕吐、腹泻等症状讲了出来，而女儿呢，则坐在一旁毫无反应地呆呆不语。

我的直觉立马告诉我：这是一个神经质的妈妈，她女儿的病肯定与她有关系。

因为该妈妈语速很快，所以，在我有目的的提问下，不到 10

分钟，我就听明白了该女儿的"现病史、既往史、个人史、家族史"等信息。

该女儿于一年前开始出现腹疼、呕吐，有时伴发频繁的腹泻。因此，一年多以来，该妈妈带女儿在多家医院就诊，却一直未查出问题，服用各种中药、西药也未见疗效。

大约五个月前，消化内科的医生就建议该妈妈带女儿来找我看看，但是，该妈妈坚持认为女儿有切实存在的腹疼、呕吐，又没有学习压力，怎么会与心理有关系呢？因此，她仍一如既往地奔波于大医院的消化内科与普外科之间。

俗言：屋漏偏逢连夜雨。该女生旧病未愈，又添新疾。该女生于四个月前的某天晚上醒来，感觉自己的手背、手腕有些疼痛。该妈妈随即如临大敌，次日立即带女儿到当地县医院去排查风湿病与类风湿病。因为该女儿内心脆弱、被暗示性很强，当医生问及风湿病、类风湿病可能存在的诸多症状时，该女儿自我感觉那些症状好像在她身上都存在，就更坚定了该妈妈认为女儿"肯定有病"的信念。因此，尽管相关检查没有任何异常，但是，该妈妈认为当地县医院的诊疗水平太低，必须到更大的医院去确诊。于是，她带着女儿又像看腹疼、呕吐一样反复到各大医院排查。

一波未平，一波又起。三个月前，该女儿初次来月经，连续两个月出现月经量不正常、月经时间不规律。按说，可以观察观察再说，但是，该神经质妈妈又把这种情况当作"大病"了，又带女儿去反复就医。

《红楼梦》里名句：尴尬人难免尴尬事。古代俗语：智者见智，愚者见愚。

我对该神经质妈妈说："你再不反思改变，你女儿下一步就会全身从上到下、从内到外、从身体到精神都是病了。"

"嗯，现在她身上的病也几乎把医院里的所有科室都看遍了。"该神经质妈妈这才开始理性思考女儿的病情及我给予的当头棒喝，也开始因为真正信任我而说出她内心累积的一些苦楚了。

该妈妈，于四年前因为丈夫只知道吃喝玩乐愤而与丈夫分房而居至今。分居后，每当遇到生活中的不如意时，她就会迁怒于那分居的丈夫，就会有意无意地向女儿诉说："我是这辈子倒霉找了你爸爸才……"每当此时，女儿也会同情妈妈而生气地痛恨她爸爸。女儿在生气的同时会出现腹疼的症状。因为经常"痛恨"爸爸，女儿也就经常腹疼。后来，女儿腹疼的原因"泛化"了。只要遇到生活、学习中的不如意之事，女儿就会立即感觉腹疼，后来进一步发展为腹疼时伴随呕吐、腹泻。

该女儿去年上初二，学习的压力明显加大，就时常表现出腹疼、呕吐等症状，而她的妈妈不明就里，带她四处奔波就医，就更加强化了她的上述"心身症状"，从而令她患上了"神经症"，令她更加把注意力从实际的生活、学习、交友中转移到虚假的自己身体有病上来，从而逃避了学习，逃避了现实生活。然而，在她的潜意识里，对此却有切实的借口：不是我不好好学习，是我有病了，天天看病，哪有时间学习啊！

　　从发展心理学上讲，12 岁到 18 岁之间的青春期，是人格培养、认知培育方面可塑性很强的最后一段时期，过了这段时期，一个人的世界观、人生观、价值观等就已经基本"固化"，成年期以后，再难以改变。在这个时期，这个可塑性最关键的影响因素为爸爸妈妈。

　　阳光、开朗、大度、幽默的父母，培养出来的孩子自然积极、乐观；神经质、情绪化的父母，培养出来的孩子可能就是问题孩子。

　　诚然，那些神经质父母的内心也很苦痛，也需要倾诉、疏导、接纳、转变，所以，对这些青少年患者，予以家庭治疗是必需的。因为环境影响人，环境造就人。唯有父母心理健康正常了，孩子才会真正身心健康。

家长，对创伤孩子是否患病起关键作用

一天，我去医院小儿内科会诊了一个六岁男孩。

该男孩于一天前中午吃饭之后，被十分疼爱他的姨姨带着去泰山天外村的大众桥下玩水。玩耍之时，该调皮男孩不慎滑落水中，他的姨姨立即跳入水中竭尽全力把该男孩救出，随即被120紧急送入我院抢救成功，而他的姨姨却不幸当场溺亡。

该六岁男孩清醒后，没有表现出惊恐不安等异常言行，只是昨晚在梦中喊了几声"救命"。

我到小儿内科病房时，该男孩刚从小儿内科监护室转到普通病房，有他的爷爷、奶奶及妈妈陪伴着他。

我刚走到病床前，他的奶奶就当着孩子的面与我说："孩子吓着了……"

我当即示意他奶奶住口，把他奶奶及妈妈叫到病房外面，嘱咐她俩："从现在开始，任何人不要主动与他提这件事，如果孩子主动提起，就说那是意外，以后多加注意就是了。一定与孩子多交流别的事，做孩子喜欢做的事情，孩子就会很快把这件事淡忘掉的。晚上让妈妈陪他睡觉，以增加孩子内心的安全感……"

一天，一对在泰安打工的河南夫妇带着九岁的儿子来心理门诊咨询。该男孩本来活泼好动，于四年前被一辆大货车剐蹭了一下，没有摔到头部，只是胳膊及脚踝受了一点皮外伤。但是，意外却把在家中看护他的爷爷、奶奶吓坏了。作为留守儿童的看护人，爷爷、奶奶从那时起，对他的人身安全问题就开始变得异常敏感，持续给他灌输"差点儿被汽车轧死，以后溜着墙根走，远离汽车"，别与陌生人说话，别相信陌生人的话"等负面、恐怖信息，只要放了学，就把他"安全"地关在家中。

这个留守儿童，被他的爷爷、奶奶如此"苦心孤诣"地教育了三四年，确实是很安全，确实没再出什么闪失。但是，爷爷、奶奶却把一个本来生龙活虎的孩子教养为内向、孤僻、敏感、多疑的"傻孩子"。

在我很小的时候，有两次掉到河里差点儿被淹死的经历，每次被别人救上来送回家，父母都只是给我简单地煮点红糖水，事后给救我的人买一斤糖块表示谢意，然后就不再与别人提及此事。我自己呢，也不当回事，出去与小朋友们玩耍起来，不到半天就忘记了。

　　万物有自我疗伤的本能,比如当狗、猫、人的身体有了微小伤口时,一般不用吃药,也可以自己愈合。

　　人类有复杂的心理活动而容易受伤,但同时人类也有心理创伤自我康复本能。比如,人们一旦感觉内心伤悲,就可以用阿Q的精神胜利法自我疗愈,或者通过转移注意力而无意中忘记,或者通过时间的推移而自然慢慢地淡忘。

　　故而,孩子经历了创伤性事件后,是否会产生"创伤后应激障碍"等心理问题,他的家长起到很关键的作用。

　　英明的家长,令孩子很快就淡忘了,不会出现心理问题;

　　糊涂的家长,令孩子很快就强化了,进而出现心理问题。

父母没有把他教育"成人"

一天，一个 20 岁的男性强迫症患者，因为"怕脏、重复洗手洗衣五年，不出家门一年半"在亲戚介绍下前来就诊。

经系统药物治疗两个月余，该患者的强迫症状就明显减轻：能让家人进入他的卧室，能自己一个人出门坐车。后来，在我的多次鼓励疏导下，他甚至跟着他爸爸坚持打了近两个月的工。

但是，或许是因为他爸爸不会鼓励引导他，或许是因为他自幼太孤僻、敏感了，之后，即使我再用心鼓励引导，他也没有鼓足勇气再出去打工，只是在家里勉强干点儿简单的活计。他的强迫症症状呢，一直就靠服用药物维持治疗，一般每一个月来心理门诊找我取一次药物。

三年后的一天上午，已经 23 岁的该患者刚来到诊室就啜泣起来："我家出大事了！我妈妈去世了！我妈妈有哮喘病，为何医生说她是心梗去世的呢？是不是医生给治错了？……"

我深感同情地耐心地解释明白他妈妈的心梗之后，该患者又说："最疼我的妈妈去世后，我当时就蒙了，以后我可怎么办啊？我的命真苦啊！我这么小，我妈妈就去世了，我以后依赖谁啊？当时我真想喝药自杀，因为牵挂着我爸爸才没有喝药自杀。但是，近几天，我自杀的想法又越来越强烈了。"

该男性患者，尽管他的生理年龄已经 23 岁，但是，他的心理年龄仍停留在 12 岁左右。所以，他在心里仍然认为自己是个没长大的孩子，什么事仍然必须去依赖他亲爱的妈妈，一旦失去妈妈，他就立即感到失去了依靠，感到无所适从。

显而易见，他的父母，没有把他教育"成人"！

为何他没有成人呢？

他的父母对他自幼包办代替得太多，他的父母让他与同龄人交往交流得太少……

法无定法

一天，某女性同事热心地带着她的朋友夫妻来找我咨询。

该妻子生二胎已经七个月了，在孩子一个月大时，她认为母乳不够，就买了最好的奶粉喂孩子，没想到，孩子对奶粉过敏，出现口唇发紫、大便稀溏等症状。因为该妻子平素个性多愁善感、优柔寡断，加之爱女之心甚切，从彼时开始，吓得再不敢给孩子添加任何奶粉等食物；并且，多次到各地儿童医院问询孩子的过敏事宜，给孩子做了多次过敏原测试；为了更好地了解婴儿食物过敏的知识，她还加入了多个儿童食物过敏的网上论坛。

如此这般，几个月下来，她咨询了很多医生，浏览了多次网上论坛，关于儿童食物过敏的诸多知识与严重后果塞满了她的大脑，令本来就谨小慎微的她更加不敢轻易给孩子添加任何辅食了。即使在医生一再承诺肯定没事的情况下,她依然只要给孩子添加少许的辅食,就认定孩子出现了口唇发紫、大便溏稀等过敏症状,就依然不敢继续添加辅食。而且,她认定是自己错误地给孩子喝奶粉太早而导致了孩子的胃肠功能紊乱,不断地像祥林嫂那样自责不已。

我与该妻子聊了不到五分钟,就发现她的以上执念好像达到了"妄想"的程度。她听不进我的只言片语,只是坚信自己的想法;一旦我的话语不符合她的心意,她就会立即表现得急躁不安。

"既然言语交流对她不能起效,那就先用点儿稳定情绪的药物吧。待她情绪稳定后再来疏导心结。"我对她的丈夫说道。

然而,我随即意识到:因为该妻子正处于哺乳期,且孩子目前完全依靠乳汁这唯一的口粮生存,而哺乳期的妇女,是禁止服用精神类药品的,所以,依靠吃药去稳定情绪就是行不通的思路了。

我看着愁眉紧锁的该妻子及急得在旁边对她吼叫跳脚的丈夫,一时之间,真不知如何疏导是好了。

我让夫妻俩暂时到分诊台护士那里,与同样有孩子食物过敏史的那位护士聊聊,期望以"榜样的力量是无穷的"而说服她。

我呢,就趁着这个间隙去了趟洗手间。在洗手间,我的大脑在快速地运转:如何快速有效地化解该女士的顽固心结呢?

突然之间,我灵机一动,计上心来:让她的孩子去小儿内科监护室住院半个月,在监护室那个安全的环境下尝试添加辅食,即使出现过敏情况,也可以随时抢救。这样,该妻子不就放心了嘛!

该夫妻听后，连连道谢着高兴地走了。

我对该固执妻子的疏导，起初，按照心理治疗的固定方法进行，该固执妻子油盐不进；没办法，只有退而求其次，采用该妻子能接受的灵活的策略，当即达到直指人心的效果。

故而，

心理治疗的高级技术有：

法无定法，

因势利导！

孩子的社会化过程

　　孩子的智力培育,需要一个缓慢而长期的过程,一般来说,从简单的咿呀学语到复杂的书写演算,最少需要 15 年的时间。孩子的情商培育,同样需要一个缓慢而长期的过程,从最单纯的与母亲交往到比较复杂的社会交往,最少需要 18 年的时间。而这个情商培育的过程,就是孩子的社会化过程。

　　有些人大字不识一个,但在生活中积极乐观、吃苦耐劳,照样一生幸福美满,所以,智商方面的培育,对于一个人的生活成长来说不一定是必需的;而有些内向孤僻的人,则或者在中学时期就因不合群而厌学,或者在获得高学历后因为不懂人际关系而在婚恋关系、工作关系中屡屡受挫,一生孤独痛苦,所以,情商方面的培育,对于一个人来说是必需的。

孩子的社会化过程，最早来自孕育他的母亲。胎儿从七八个月起，就已经有了思维情感活动。此时，母亲的情绪波动引起的神经递质的变化，通过脐带中的血液影响到孕育中的胎儿。所以，大家观察到的一个常见现象是：有的孩子生来就很安静，有的孩子生来就烦躁不安。

孩子出生后，那些柔和的母亲，会发自内心地对孩子有亲切的肌肤抚摸及温和的眼神注视，从而令孩子安静温顺；那些粗糙的母亲，心中只有她自己，看到孩子哭闹就烦躁，从而令孩子更加容易哭闹不安。

孩子到了一岁半左右，逐渐开始脱离母亲的母乳喂养，不再对母亲有"孩子有奶就是娘"的依赖，就开始把注意力转向爸爸等关心他的其他家人。此时，如果爸爸等其他家人做得比较好，孩子对母亲的亲密依恋就逐步减弱；反之，则令孩子感觉母亲仍然是他的全部世界，离开了母亲，就没有了一切，以致只要离开母亲就恐惧哭泣。

从三岁开始，孩子正式去上幼儿园，开始了一生当中真正的社会化过程，开始了真正去参与群体化的生活，开始了把眼界、注意力从家内的几个成员转向家外的很多同学、老师。

此时，如果家长予以恰当引导，鼓励、支持孩子去幼儿园，并耐心倾听孩子在幼儿园的感受体验，一旦孩子在幼儿园与别的同学发生冲突，一定要给孩子一个积极向上的引导，孩子就会天天喜欢上幼儿园，从而学会与不同个性的同学有不同的交往方法。如此一来,形成良性循环,孩子自然地、顺利地完成了社会化过程。反之,如果家长一味地偏袒自己的孩子,就会令孩子认为别的孩子都是坏的,从而自己把自己孤立起来,感受不到同学的友谊及群体生活的快乐,不想离开母亲袒护的翅膀。这样的情况下,孩子虽然年龄增长了,但是,他心中的世界仍然还是只有母亲等几个家人,现实生活中密切接触的也只有这几个家人,最终,没有把注意力转向外面的广阔天空,没有培育出好的情商,导致没有完成社会化过程。

那些没有好的情商、没有很好地完成社会化过程的孩子,一般都表现为孤僻、内向、偏执、自我中心、冷漠等。然而,人类是社会性的动物,长大后必须离开家庭,参与外面的社会生活。这类孩子,没有很好地锻炼出人际交往的技能,就表现得处处不合群,就不愿意参与外面的活动,最终表现得孤僻、退缩、敏感、脆弱、阴暗、多疑等。

良好的人际关系,是健康心理与健全人格的基础。所以,欲让孩子培育出良好的情商,欲让孩子很好地完成社会化过程,必须引导、鼓励、赞许孩子从小就多与同龄人交往、玩耍。

俗言:实践出真知。孩子情商的培育,不是靠家长及心理医生纸上谈兵教会的,而是自己在与小朋友的打闹玩耍中慢慢体会总结的。简而言之,孩子的社会化过程,只有在参与社会活动的过程中才能完成,不参与社会活动,永远只能是孤独的"家里蹲"。

睡眠益智

　　一位中学老师，在二十世纪八十年代初，家里生了一对同卵双胞胎男孩。两个孩子，只是出生时的先后顺序不一样，长相几乎一模一样。

　　那时候，乡镇教师的居住条件很差，他家的客厅与卧室是在一起的。一天晚上，这位老师偶然发现老大在被窝里没睡觉，瞪着小眼睛偷偷地、静静地看电视，而老二则酣睡得像个小猪一样。

　　后来，爸爸发现老大比老二睡眠少，也比老二显得有精神。于是，爸爸就据此推测老大肯定比老二更聪明机灵一些。结果呢，这俩孩子上学后，老二在理解能力、记忆能力等方面的素质远远超过老大。最终，老二很轻松地考上了清华大学，老大则仅仅考了个大专。

　　我的两三个学习顶好的中学同学,好像也是睡眠很多,别的同学都在加班学习呢,他们却在呼呼大睡。

　　据美国学者研究,睡眠,对婴幼儿的大脑发育极其重要,能促进记忆及幼儿神经系统的成熟。所以,睡眠益智,最好是能让孩子养成一个良好的睡眠习惯。

育儿技巧之"人生原则的引导"

多年前的一天，到某病房会诊时，该病房的医生同事问及我那上小学五年级的儿子的暑假生活是如何安排的，我回答："上午跟着专业老师训练两个多小时的篮球，下午到泰山区图书馆随便看书，晚上看电视。"

我对孩子一贯灌输的学习原则：该学习的时候就专心地学习，该玩的时候就痛快地玩！千万不要学习的时候挂着玩，玩的时候还想着学习，那样就会既学不好，也玩不好。

为何给儿子安排"打篮球及看书"这两项活动呢？

因为我自己本人有三个基本的人生指导原则：

天天锻炼以保持身体的强壮；

天天看书以保持内心的强大；

天天修心以追求精神的放松。

多年来，我一直坚持不懈地按照上面的三个原则去做，也就能一直保持一个比较好的身体、心理状态，也就一直有一个比较好的生活质量。

我的儿子，那年已经 12 岁，已经开始进入青春期。作为父亲的我，有责任必须把我的人生指导原则潜移默化、耳濡目染地灌输给他。现在，我先把"锻炼、看书"的原则教给他，等他过了 18 岁，再教给他"修身修心"，以在嘈杂纷乱的红尘中，天天可以让灵魂放松宁静，能够做到：

肉体置于闹市，

灵魂追求自然。

俗言：性格决定命运，习惯决定人生！

打篮球的习惯，既可以很好地锻炼身体，也可以很好地锻炼情商，也可以有很好的人缘；看书的习惯，可以开阔眼界，可以化解心结，可以"采菊东篱下，悠然见南山"，可以"腹有诗书气自华"！

好的性格，快乐一生；

好的习惯，受益一生！

对于孩子，好的性格、习惯的培育，需要家长予以好的人生原则的指引。故而，对于培育孩子，家长们必须要把握好人生原则的引导。

育儿技巧之"创造磨炼机会"

多年前的一天,我领着四岁多的儿子打算穿过马路,低头看着心不在焉的儿子,我突然想到:这次让孩子领着爸爸过马路,让他在实践中真正学会如何过马路;同时,给他提供做事的机会,把他闲得无聊的精神活跃起来。

果然不出我所料,儿子一听,立即来了精神,一本正经地按照我平时教给他的要领把我领过了马路。

然后,我就适时地夸奖他:"你做得真好,比昨天进步了,以后可以帮爸爸更多忙了。"

结果呢,我的赞赏令儿子高兴愉悦了一个下午。

一天,我有些疲惫地回到家,慵懒地坐到沙发上,让四岁多的儿子帮忙把拖鞋给我拿过来,儿子却让我自己拿。于是我对他说:

"如果你不帮我的忙,以后我也不帮你了,我不去幼儿园接你了,不给你买玩具了。帮忙是相互的,在幼儿园里,你只有帮助小朋友,人家才会帮助你。"

儿子听后,自己思考了片刻,顺从地帮我把拖鞋拿了过来。

然后,我又适时地夸奖他,以便强化他的好行为:"很好,以后我们就互相帮忙。"

民谚:穷人的孩子早当家。

道理何在呢?

穷人的孩子必须从小就去帮助家长做事情,必须从小就勇于面对、独立思考、积极解决生活中的琐事,必须从小就更早、更多、更独立地去做事情。而实践出真知,且吃一堑长一智,人只有做的事情多了、碰的壁多了,各种能力才会自然地锻炼出来。

现在,大多数家庭经济条件较好,家里的孩子,衣来伸手、饭来张口,条件太优越,好像没有做事的机会提供给孩子去锻炼、磨炼。

那么,家长该如何教育引导孩子呢?

家长应当积极主动地给孩子提供接受"挫折训练"的机会,只要孩子自己能做的事情,必须自己做;只要孩子能帮助家长做的事情,必须帮助家长做。然后,家长对孩子予以适时夸奖,以强化其优秀品质。长期如此,孩子的情商自然就培养出来了,吃苦耐劳、付出爱、换位思考等优良素质也就自然培育出来了。

当今中国,有太多的家长在"包办、代替"孩子去思考与行动,自作聪明地以为那就是疼爱孩子。结果呢？这样必然会教育出"只知道接受爱、不知道付出爱的自私自利、烦躁易怒、遇难则退的问题孩子"，让家长头痛不已。

俗语不俗：自古英雄多磨难，从来纨绔少伟男！故而，欲成功育儿，家长必须给孩子创造"磨炼"机会。

完美与卓越

　　有几天,有只聪明可爱的小狮子突然陷入了一种苦恼,因为他近期读了一本"励志"的书,书上很坚决地说:任何人都应该争取变得完美!

　　小狮子根据书中所讲,仔细地反思了一下自己,进而认为自己没有羚羊的矫健耐力,没有雄鹰的轻盈超然,没有长颈鹿的高瞻远瞩,没有大象的强壮高大,没有……他越想越觉得自己一无是处,感觉要想成为完美,比登天还难。

　　如此想来,小狮子慢慢变得羞涩与沮丧,陷入了精神抑郁,整天没精打采、郁郁寡欢。

　　小狮子的母亲非常担心,带着小狮子去草原心理医生那儿瞧病。

　　心理医生说:"其实,完美是不重要的,重要的是你需要在某一方面卓越。"

心理医生让小狮子独自到草原里走几里地远，再绕个圈回来。

结果，那些被小狮子认为优秀的动物，看到小狮子都表现得毕恭毕敬，小狮子轻轻吼一声，动物们都吓得发抖。这，就是小狮子的卓越之处。

认识到这一点，小狮子又有了百兽之王的自信，不再去读那些图书了。

有一个十八岁的男孩，仍然每天都尿床，为此，他沮丧极了，觉得尿床简直要了他的命。因为尿床，他没有勇气去社交，没有心思去学习。

他找了很多专家与医生，吃了很多药打了很多针，但均无济于事。

绝望之下，他决定要以自杀解脱。

他的一个朋友劝他说："你不能绝望，或许应该去找心理医生。"

他抱着"死马当活马医"的无望心态去看了心理医生。几周以后，他又见到了他的朋友。看到他兴高采烈的样子，朋友问："你看过心理医生了？"

他回答："看了。"

"那你不再尿床了？"

"不，我还在尿床，但我觉得这已经非常不重要了。"

心理医生并没有治好他的尿床,但是,却让他明白:每个人都有瑕疵,每个人都不完美。尿床,远不是他生命的全部。

夜间的尿床,并不妨碍他白天对生活的美好追求;

夜间的尿床,并不妨碍他白天在某方面奋斗至卓越!

一天,一个刚从北京某名牌大学毕业的男青年,闷闷不乐地来到心理门诊,缓慢低沉地对我诉说:他认为他的天赋比较聪明,所以学业很好,对他的专业能力很有信心。他认为他的身材外貌也可以,也不因这些而自卑。唯一令他郁闷不已的是他的社交能力,感觉不如有的同学那样高谈阔论、左右逢源。

于是,我与他讲了上面"小狮子"的寓言故事,给予分析:"你的智商天赋很高,适合静下心来做研究。而你的情商天赋,稍差一些,但是,你仍然有几个很好的朋友,与家人关系也很好。一个人的精力是有限的,没有必要浪费时间再去刻意培养发展社交能力,不要对自己要求完美,在社交能力方面,顺其自然即可。"

每个人都有他的天赋,同时,每个人又都不完美:

物理学天才爱因斯坦不会成为空中飞人乔丹;音乐大师贝多芬不会成为物理学天才爱因斯坦;百米飞人博尔特不会成为大文豪列夫·托尔斯泰……

人世间的万事皆"美中不足",如果盲目追求完美,就肯定是庸人自扰;

人世间的诸事皆"好事多磨",只要在某一方面磨炼至"卓越"水平,"好事"就会不断地奔涌向你。

母亲导致了孩子的病

　　有个 14 岁男生，其母亲是教师，也是优秀班主任，母子关系甚好。闲暇时光，母亲时常有意无意地与该男生聊一些她班里的个别同学的状况。

　　其母亲某年教了一个男学生，只要上课就睡觉，学习成绩一塌糊涂。家长、老师处心积虑地想了很多办法，就是没有成效。其母亲因为对该"睡觉男生"费心较多，所以，回到家里自然也就闲聊得较多。

　　大约三年前，也就是该男生的母亲屡次闲聊了那个"睡觉男生"半年后，该男生也出现了睡眠问题，表现为：

　　上午 9 : 30 左右，就开始困得慌，能睡两三节课；下午 3 点左右开始睁不开眼，能睡一两节课；晚上睡不沉，半夜说梦话。

尽管如此睡觉,因为天资聪颖及不睡觉时就很用功,该初二男生的学习成绩仍然稳居年级前五名。

该男生的父母从他一开始出现上课睡觉的情况,就立即拿着当回事了,带着他直接去省城济南某大医院找名医就诊,当即被诊为"睡眠紊乱"。

这样一来,既然连那么高级的医院都下了如此诊断,一家三口就更加认为该男生确实是"有病"了,就真的当回事了,严格按照医生的要求天天坚持用药。如此,一晃,就是两年多过去了。

一天上午,在我院我的一位医生同事的热情建议下,该一家三口才将信将疑地抱着试试看的态度来找我咨询。

我详细了解情况后,当即予以分析病情:

第一,妈妈班里的那个"睡觉男生",是精神发育迟滞,或者称为"智力障碍""智力低下"。这种孩子上课听不懂,学习学不会,肯定就会上课睡觉,肯定学习成绩就特别差。

第二,该男生天资聪颖,但是,受暗示性很强,有些神经质,容易跟着感觉走。因为他多次听母亲说到那个"睡觉男生"的事,就无意中给了自己一个心理暗示:我上午、下午也会像他那样困的。结果呢,他刻板的潜意识就"安排"他上午、下午必须睡一觉。然而,节假日时,他因为脱离了上课的环境,忙着放松玩耍,也就不会困了。反之,如果是"器质性睡眠紊乱",是不分节假日的,是不受人的主观意志控制的。

第三,该男生上课睡觉,是他母亲无意之中向他暗示的。并且,其母亲立即认为这是"病态"，全家人立即都"很当回事"，带其去省里的大医院就诊。而大医院的医生将其诊断为"睡眠紊乱"后，就强化了全家人对该男生确实处于"病态"的歪曲认知。

第四，我要求该男生从现在开始，不要再拿自己当病人，什么药物也不用服用了，必须恰当地睡个午觉，保持一个良好的睡眠生物钟。

我对一家三口如此疏导解释后，全家人都连连称是，高兴放松地走了。

后记一

父母的重要性：

父母对孩子进行恰当引导，孩子就会心理健康；

父母对孩子进行不当引导，孩子就会心理异常。

后记二

二十世纪七十年代中期以前的孩子，他们的家长都很忙，加上孩子多，对孩子的教育普遍为"放养式"，根本不在意孩子的学习成绩及身体痛痒。所以，那时的家长就不会给孩子"造就心理疾病"，那时的孩子就很少有什么心理问题。

育儿技巧之"发现问题，立即解决问题"

多年前盛夏的一个周六，媳妇一早出发去省城济南，在济南学习两天。我呢，在医院值班一天，中午不回家。故而，周六白天，都是儿子独自一人在家。一早，我给儿子的时间安排是：

上午，去农大体育馆参加专业的篮球训练；下午，在家补习英语。

当天上午的某一刻，我的直觉突然告诉我：儿子很可能没去农大体育馆训练篮球。

于是，我就决定中午回家看看事实究竟如何。

我骑自行车回到家放车时，发现储藏室中儿子的自行车没有动过的痕迹。当即，我就确定关于儿子没去打篮球的直觉是正确的。

我打开家门，儿子说他刚打球回来冲了个澡，我心想：呵呵，这小子想在关公面前耍大刀，他那点小伎俩怎能逃过我的火眼金睛与缜密思维呢！

我装作很随意地问儿子："出汗后的球衣呢？"

"在阳台上呢！"儿子也装作很淡定地回答我。

"哦，咱俩到阳台上看看去。"

儿子在我身后拖拉着慢慢地走。

"你的球衣很干燥啊，一点儿出汗的痕迹也没有啊！"

儿子顿时呆立无语，再也无法掩饰他的谎言了。

在客厅里，我盛怒之下，用手拍了儿子几下，本想踹他一脚，把脚抬了两抬，还是放下了。毕竟，当时的儿子已经是 1.81 米高的有自尊心的大孩子了，我不好意思揍他了。

"为何要撒谎呢？你编造一个谎言，需要动很多心机来掩盖，但是，谎言就是谎言，你是掩盖不了的，别人稍微动动脑子就会轻易戳破的：第一，你的自行车根本就没动过；第二，你的球衣是干燥的；第三，凉水杯里的水没有动。如果你以后还这样撒谎，就会失去别人对你的信任，以后别人对你说的话就不会轻易相信了，你就很难有知心朋友了。诚实，是做人做事的根本！只有诚实，你才会按照老师的要求去学习，才会按照家长的要求去做事！如果你以后继续撒谎，最终，欺骗的是你自己！"我对儿子愤愤地教导道。

儿子低头呆立，再无言以对。

　　我教育孩子的原则：发现问题，立即解决问题，千万不要让问题固化下来。再者，训斥的事情过去就算了，不能过分唠叨指责，只要暗中观察孩子是否还会再去犯同一个错误就行了。所以，那天晚上，一位朋友请客，媳妇不在家，我就顺便带着儿子去酒店吃饭了，没再提他上午撒谎的事。

后　记

　　我的育儿理念：教育孩子，尽量把孩子引导为"实在＋灵活"的人，才会适应中国国情，才会生活得圆满快乐！

父亲们注意了

一天，在某朋友介绍下，一个 18 岁高二男生在其父亲陪同下来就诊。

该男生当着他父亲的面，慷慨激昂地"控诉"其父亲在家里太强势、太蛮横，时常不分青红皂白地训斥他妈妈，不时武断、严厉而简单地呵斥他。他只要回到家，内心就感觉很沉重；他一想到父亲，内心就情不自禁地充满抵触与反感！如此这般，久郁成疾——时间稍久，该男生就患上抑郁症了。

当时，我给这爷俩做了一个简短的家庭治疗。这期间，那个表面刚强实则内心脆弱的父亲抹了好几次眼泪。

两周后复诊时，小伙子由母亲陪同来就诊，他春风满面……

临走时，该高二男生给我深深鞠了一躬，感谢我上次对他爸爸的疏导。他爸爸从那天开始,真的改变了很多,现在的家庭氛围很温馨了,他天天感觉心情很舒畅。

谨以此文,警醒天下的父亲,以让广大父亲明白:

您的阳光、开朗、风趣、包容、坚韧等素质涵养,

对孩子母亲的快乐幸福很重要,

对孩子个人的健康成长很重要!

后 记

有感而发,不到十分钟,草成此文,诚望能使一些父亲有所启发、思考、改变!!!

一个高三男生的内心告白

一个重点中学的高三男生,成绩在班里名列前十,因为太想集中精力学习,就总是感觉周围的同学闹得动静太大而干扰了他学习的注意力。他连续换了几次座位,仍然感觉周围同学的言行影响他全神贯注地学习,不能调整之下,在别人建议下来看心理医生。

该男生很聪明,也比较懂事,对父母也很尊重。

第二次咨询时,他单独对我说:"我爸妈都是普通职员,所以,总是感觉比较自卑,尤其是妈妈,特别要强,在30岁时,与同事关系很差,认为人家看不起她,总是烦躁不安,不到一年的时间,头发几乎全白了。因为妈妈感觉她和爸爸这辈子也就是普通职员,没什么出息了,所以,就特别寄希望于我这个儿子,希望我好好学习以出人头地，好在别人面前挽回面子。所以，她在学习、礼貌等方面处处关注我。在小学阶段，我的学习比较好，令妈妈很满意，她寄予我的期望就更高了。在初一、初二时期，我的青春逆反期来了，开始不听妈妈的唠叨，时常去泡网吧，妈妈对我几次三番地劝告，我仍然执拗地去上网。初二下学期，我的学习成绩下降至中下游，妈妈对我的期望就彻底破灭了，不再关注我的学习。然而，有次在网吧，我突然发现在网吧上网的大多数都是抽烟、满口脏话的素质低的人，突然意识到自己怎么与这些低素质的人为伍了呢？而且，那次当我到网吧收费员那里付钱时，首次发现那个网吧收费员对我是嗤之以鼻的。我立即认识到：唯有好好学习，唯有走正路，方能被别人尊重。于是，从那以后，我再也没有踏入网吧半步，初三发奋学习，以较好的成绩顺利考入当地最好的高中。妈妈见我的成绩又优异了，就重燃了对我的较高期望，又事无巨细地对我唠叨，好像只有这样，才能表明我的学习成绩是她管教的结果，是她的功劳，以满足她在亲朋好友面前的虚荣心。对于妈妈的心态，我心知肚明，也不给她点破，但是，妈妈对我的管束却越来越多，甚至端碗的姿势都给我纠正个不停。在妈妈如此煞费苦心的管教之下，在潜移默化中，我养成了追求完美的个性，学习时，必须要求自己全神贯注，如果稍稍分散注意力，就抱怨同学闹动静，就谴责自己不用心。我与妈妈说了之后，妈妈不但没有让我放松，反而更加严格地要求我，唯恐我的学习成绩下降了。妈妈更加焦虑了，我也更加焦虑了；妈妈更加关注我的学习了，我也更加关注我的学习状态了。"

听了该高三男生有条理的完整倾诉，我意识到该男生的智商、品行都很好，之所以出现强迫的症状，与他那盲目要强的、自以为是的妈妈关系特大。

对于该男生的内心告白，我是不能告诉他那"可怜"的、内心弱小的妈妈的。

我对该男生疏导道：

第一，你已经做得很好了，是一个真正的男子汉。

第二，你妈妈是个弱女子，她能把你养大就很好了，别对她要求太高，别抱怨妈妈，也别让她影响你太多。

第三，每个人都不可能长时间集中精力于一件事，当发现注意力分散时，及时把分散的注意力拉回来就是了，就是如此简单。

第四，学会理性思考，对困扰自己的事情，别一味地盲目急躁，而要理性分析原因及解决办法。

第五，要善于利用老师、同学、亲朋等社会资源，多与别人交流，多向别人请教。这样视野就开阔了，内心也就有了更多的支持感、安全感。

第六，对于强迫症状，不要当回事，不要因此而有压力。正是因为有了强迫的症状，你才有机会静心分析自己、了解自己，进而战胜自己、完善自己。所以，通过看心理医生，你不但解决了问题，反而比以前有所提高了。

孩子不经惯

一个周六的傍晚，五岁的儿子与他妈妈逛街回到家时，他的爷爷奶奶已经把做好的晚饭摆放在了餐桌上。

大家正准备落座吃饭时，儿子突然提出非要去一个超市买吃的，我当即予以坚决拒绝，儿子就以哭泣及不吃饭的方式对抗。并且，他爷爷生气地对我说："别让他闹了，又不远，我带孩子去买。"

这时，我更坚定地说："我的孩子我来教育，今天谁也不能去买！因为饭已经做好了，不能想吃什么就买什么，那样会惯坏了脾气，他就不知道什么叫规矩了。我们大人吃饭，让他自己哭去吧，大哭一场还能起到锻炼肺活量的作用呢。"

大人都落座后，我温和中带着坚定地对儿子说："因为你的这个要求不合理，所以，我就坚决不会答应，你再哭也没有用。我们已经通知你吃饭了，你不吃，是你的选择，但是，我们吃完后，就会把饭菜收拾起来，你再想吃，只能等到明天早晨了。如果你愿意选择哭，哭到什么时候都行。"

结果，我们大人刚吃了不到三分钟，儿子就爬起来，快速地去洗了手，与大人一起吃他奶奶做的家常饭菜了。

之后的一个月，对孩子合理的要求，我都会立即满足，同时给他解释："因为是合理的要求，所以肯定会答应你的。"

那之后，面对孩子的无理要求，我都会温和地给予解释为何是不合理的，孩子都会平和地接受，而不会装疯卖傻地哭闹折腾了。

一天，我突然注意到：儿子二年级寒假放完开学的三天之内，每天晚饭后，都是让他妈妈给他讲解数学课本及数学作业，他妈妈呢，却也颇像回事似的给他认真地讲解，而儿子呢，却心不在焉地打闹着听。

原来，刚过完寒假，孩子的心还没有收回来纳入学习的正轨，还没有进入"课前预习、课上认真听讲、课后快速做作业"的学习流程。

第四天晚餐后，我对儿子说："从现在起，自己做作业，自己预习，有不会的题目自己去问老师。你妈妈不是你老师，不能让她教你。如果让你妈妈教你，你何必去上学呢？"

如此这般，那天以后，他就再也不用他妈妈辅导了。

有篇文章写道：

在德国的大型超市里,家长购物完毕,准备带孩子回家时,哭闹不回家的差不多都是华人的孩子。因为,德国家长对孩子的要求是,孩子可以有自由,但是,孩子的自由不能妨碍家长的事务。家长购物完毕了,孩子必须跟家长回家,回到家,怎么自由自在地玩耍都可以。

德国家长教育孩子,只要制定了规矩,肯定严格执行,没有半点儿商量的余地;部分中国家长,制定的规矩比德国家长多,但是,一旦孩子哭闹,就"有法不依,执法不严"了,让聪明的孩子敏锐地感觉到制度的"摇摆不定",就会变得越来越肆无忌惮。

在德国,没有隔代教育这个现象,因为爷爷奶奶没有这个义务,他们能够把自己的孩子养到18岁就可以了。所以,大家之间的关系简单而务实。

在中国,传统观念中爷爷奶奶看孩子是义务。而且,部分爷爷奶奶为了表示对隔代孩子的尽心尽力,对隔代孩子事必躬亲、有求必应。这种模式培养教育出来的孩子成才的概率不高。

当小狗子养活

以前，家长们为了能很好地把孩子养活，有意识地给孩子取一个较低俗的名字——狗蛋、狗剩等。如此这般，家长内心里认为这孩子的命还不如小狗子呢，就对他没有太多关注，更对他没有太多溺爱，似乎这样，孩子就能好养活一些。

事实上，那时的孩子们，因为没有家长们太多的关注，因为没有太多的考学压力，就天天成群结队地没心没肺地狼窜，几乎见不到有心理问题的孩子，几乎见不到有青春逆反期的孩子，几乎都自然而然地成人了，也有很少数，自然而然地成才了。

大多家庭只有一个孩子，随着解决了温饱，家长们开始有精力去关注孩子，自然而然地就不再把孩子像养小狗子一般放养了。随即，因为一些家长的育儿理念不恰当，甚至有些育儿理念很极端，就出现一些问题孩子。可悲！可叹矣！

　　家长到底应当如何育儿？

　　无关家长是否有文化，

　　无关家长是农村人还是城里人。

　　仅需：

　　真实、自然、平和、理性、有原则！

　　用旧时育儿的一句通俗的话：

　　当小狗子养活！

自己无压力，妈妈给压力

一天，我到病房会诊一个初三女生。她的主诉为：反复头晕恶心两个月。

在病房里，该"聪慧"女生有意识地支开了她的妈妈，要求单独与我交流。

该女生苦笑着说："我认为我的学习就这样了，我没有学习的压力。但是，我的妈妈却对我期望很高，她给我的压力山大啊！她不断给我压力，我做不到，就出现不断头晕、恶心的情况。

哦，决定学习成绩好坏的因素有：

学习文化课的天分，占 65%。

一个孩子，如果天生的智商较高，学龄前，就自然而然地在学习最简单的汉语拼音、一加一等于二方面表现得"挺聪明"；进而，自然而然地就会得到老师、家长们的夸赞；进而，这个孩子就感觉学习能给自己带来成就感、自豪感；进而，形成奖励的正反馈，就会相对乐意去学习。

反之，孩子则越来越厌学。

从小学到高中的学习进程中，学习难度真正逐步加大的阶段，是初三。

从初三开始，各门课程，尤其是数理化，开始真正加大了难度，开始真正考验一个孩子在学习数理化、语文、英语课程方面的天分。

那些在学习方面天分较好的孩子，学得就相对轻松：只要正常努力，就能学得较好；如果非常努力，就能学得很好，进而，顺利中考。

那些在学习方面天分不太好的孩子，学得就很费力，尤其是数理化，甚至学得很吃力。他们感觉上课听不懂，下课不会做题，考试考得很差，以致越学越差，中考失败。

故而，在初三之前，一般来说，是看不出一个孩子的真正的学习能力的。然而，有些糊涂且固执的家长，会一味偏执地认为：我的孩子，很聪明啊！他小学时一直学得很好，现在学得不好，是因为不努力。这类家长就必然会简单盲目地要求孩子，就会令孩子的压力越来越大。那时，那些不敢反抗父母的老实孩子，就会自责自罪：父母对我这么好，我却学得这么差，太对不起父母了。

事实上，每个人的天分，各有千秋。俗言不俗：尺有所长，寸有所短。梅须逊雪三分白，雪却输梅一段香。

　　在我的心理门诊，有些糊涂倔强的父母，总是简单粗暴地要求自己的孩子。然而，我直截了当地警醒这些父母："想想吧，你俩，回想自己的中学学习，不也像是昨天的事吗？你俩，当时没有手机，没有游戏，没浪费时间，不也没考上高中吗？！不也没考上大学吗？！不也过得挺好吗？！

　　这些父母，一般来说，听后就明白了，听后就释然了！

　　哲学家萨特说：

　　自由的极致就是，可以离开任何不喜欢的人和事！

感性与任性，毁掉越来越多的孩子

当下，有的孩子，被自己幼稚的感性与任性毁掉。

他的感性：

我现在不想上学，为何还要去上？我现在不想学习，为何还要去学？

她的任性：

我就是不想听，管我干啥啊！我就是不去做，不行我就去死！

如此这般，他的感性、她的任性，令其错失了求学的年华，令其错失了提升交际能力的锻炼，进而，恶性循环，成了家里蹲，毁了一生。

　　然而，在这个人世间，他的感性、她的任性，除了能令有着血缘关系的父母痛楚，对其他人，没有影响。因为，大千世界，芸芸众生，主流人群是积极向上的，主流人群是向好向善的。

　　沉舟侧畔千帆过，

　　病树前头万木春。

　　故而，一个人，这一生，想要活得好一些，想要活得长久一些，自幼年起，必须要尽早学会：

　　理性、理智、严谨、认真、阳光、大气、吃苦、坚韧！！！

"虎父无犬子"与"一母生百般"——解读"父强子应强"的错误育儿理念

"虎父无犬子"的释义：老虎不会生出狗来，比喻出色的父亲不会生出一般的孩子。其用于夸奖别人的子辈，比喻上一代强，下一代也不弱。因此，在育儿理念方面，一些在社会上出类拔萃、"有头有脸"的虎父虎母，内心总是自以为是、刚愎自用地强求自己的孩子：应当学习成绩很好才对啊！应当优秀卓越才对啊！

"龙生九子"的释义：古代传说，龙生有九子，九子不成龙，各有所好。其比喻同胞兄弟品质、爱好各不相同。对此，还有俗言：一母生百般，也有皮子也有獾。就是说，每个孩子，在出生时，并非必定遗传了父母的所谓优秀基因，而是随机、随缘生就的天分。就像陈胜、吴广当年的振臂一呼：王侯将相宁有种乎？

故而：

虎父无犬子，是不恰当的；

一母生百般，才是真理！

在此诚告父母们：

虎父有犬子，是再普通不过的事；

犬父有虎子，是再正常不过的事。

父母们正确的育儿理念应为：

因材施教，因势利导。

缓解高考焦虑的几个要点

第一,解决忧虑的万能公式:凡事,有了心理预期,就不会总是盲目地悬着心,就不会总是盲目地紧张不安!

对于高考的结局,要有好的心理预期与坏的心理预期:

发挥好了,是最好的结局,必然高兴;发挥差了,也不过最差上个大专,也能有学上。

第二,调息以调心:通过调节腹式呼吸节律以放松心情。

缓慢悠长地用鼻子吸气到小腹,吸到不能再吸,停顿三秒,再缓慢悠长地用口呼气,呼到不能再呼,停顿三秒,这是一个腹式呼吸循环。然后,重复地进行上面的呼吸循环,很快就会心身放松。

第三,别把未来命运完全押在高考上。

　　高考,并非人生唯一的决定未来命运的节点。太多有志青年,即使高考不顺,仍然可以利用大学时期的刻苦努力,通过考研、考博去实现自己的梦想。

女生看到父母开心对视后的顿悟

　　一个女生，天生白皙美丽，煞是喜人，自幼由慈爱善良的姥姥、姥爷看大。

　　因为姥姥、姥爷对她太过关爱，就自然而然地对她包办代替太多，就必然导致她的自理能力特别差；因为姥姥、姥爷对她太过关爱，就自然而然地担心她被别人欺负而尽量不让她与别人接触，就必然导致她的社交能力特别差。

　　如此这般，时光荏苒，转眼间，该女生就上了初中，到了青春期，课业负担加重。因为没有朋友，因为讨厌学习，该女生开始无端地装疯卖傻地哭闹，甚至时常做出想不开的举动，以此去逃避现实中正常的努力。

平时万般疼爱她的姥姥、姥爷及爸爸、妈妈，看到该女生像疯了一样的举动，就开始带她看心理医生。结果呢，心理医生将该女生诊断为"双相情感障碍"，给她戴上了"有病"的帽子。她呢，恰好借此顺势"因病获益"——堂而皇之地躲到了病里去了，更加不好好学习，更加不接触外界而封闭自己。

如此这般，时光荏苒，转眼间，三年过去了。这三年间，姥姥、姥爷及爸爸、妈妈带她看遍了著名医院的著名医生，服用了诸多中西药物，然而，却未见明显效果。该女生仍然不时有想不开的行为，令姥姥、姥爷及爸爸、妈妈心力交瘁。

一天，当该女生又一次"夸张"地做出想不开的举动时，她愕然发现：爸爸、妈妈不但没像以前那样吓得惊慌失措，反而，在略有放松地对视。

此时此刻，天资聪颖的她，瞬间顿悟："哦，我闹腾了这么多年，早已是家长们的负担，早已经令家长们内心崩溃。而今，家长们对自己真的是不抱希望了！"

从那以后，该女生不再以"想不开的行为"去装疯卖傻，而是静下心来，一点一点地学习，一点一点地接触外界，也就自然而然地一点一点地进步，也就自然没了病，也就自然不用再看心理医生。

后 记

第一，该女生的问题，不是"双相情感障碍"，而是情绪化，而是神经质，而是心理年龄低，而是情商低。

第二，一个人，天天装疯卖傻地哭闹，即使是最亲爱的父母，也会有忍受的限度，也会有忍受不了的时候。

第三，环境造就人。孩子，天生都是好孩子，是不恰当的教养，造就了不恰当的孩子。

宁可"自负"，也勿自卑

　　一个孩子，一旦自我怀疑，一旦妄自菲薄，就会变得对别人的言行敏感，就会变得对学习的事情头痛，进而，在自我防御机制的作用下，为了避免尴尬，为了避免痛苦，发展为"退缩"：

退缩到家里，

退缩到卧室，

退缩到轻生。

故而，育儿理念：

宁可令孩子"自负"一些，

也勿令孩子自卑更多！

因为：

孩子自卑，就会敏感、孤僻、退缩；

孩子"自负"，就会张扬、活泼、敢为。

恰当强制成就好习惯

一个人的好行为、好习惯,可以通过反复的恰当训练以形成条件反射而养成。

或者说,一种行为,不论好坏,

如果重复的是好行为,就成为良习;

如果重复的是坏行为,就成为恶习。

故而,欲重塑自我,欲战胜自我,欲健壮自我,必须要坚决去重复诸多的好行为。

在临床心理工作中,我就一再要求我的邋遢、拖延病人,必须按照我说的去做,才能真正改变自我,才能真正重塑自我!

比如:

第一,必须要建立良好的睡眠生物钟:按点睡,按点起!

第二，必须要养成"立即行动"的执行力！不论心情如何，立即去做当下应当做的事！

第三，必须要恰当听取别人的建议，以通过"旁观者清"的这面镜子去看清自己，进而勇于改进自己！

……

唯有如此强制自己去做，才能战胜旧我，塑造新我，令自己不断提升，不断完善！

古人在育儿方面的理念：

第一，作为父母——严父慈母！

父亲恰当严厉，才会令孩子养成好习惯！

第二，作为老师——严师出高徒！

恰当严厉的老师，才会令孩子严格按照老师的要求去做！

第三，《西游记》中，面对顽劣的孙猴子，慈悲为怀的观世音菩萨，也并不只是一味劝导，而是给他戴上紧箍，不听话就念紧箍咒惩罚，进而强制孙猴子一路走到西天，修得正果——斗战胜佛！

军队中的强制作息及训练，也令很多"问题孩子"彻底改变过来……

故而，欲战胜恶习，进行恰当的强制纠正，是必须的！

解读"巨婴"

什么是巨婴？

说白了：

就是长不大的孩子，

就是心理年龄低的成年人，

就是情商低的大人，

就是废了的大人！

巨婴因何产生？

因为他的父母，一直、一贯地把他当孩子看待，他呢，在内心里，在思想上，也就习惯了把自己当孩子看待，不愿长大，不愿踱出父母那温暖的翅膀。尽管，他的生理年龄，早已是二三十岁。

哪些孩子容易成为巨婴呢？

一是，父母特别溺爱的独生子女。

二是，隔代带大的孩子。

三是，上面有几个姐姐的男孩。

避免养出巨婴的育儿方法是什么呢？

从幼时训练独立大、小便开始，就把孩子当大人看待：

一是，能自己做的事情，必须自己去做。

二是，能帮助别人做事情时，尽量提供机会引导他去做。

三是，能多与同龄人玩耍交往时，就尽量让他多去打闹交往。

在这个引导、管教的过程中，家长必须做到：

一是，做好的就夸奖。

二是，做优的就赞赏。

三是，做错的就批评。

四是，不改的就惩罚。

如此，孩子的内心就会时刻把自己当大人看待，就会成长为小大人：

阳光、开朗、自尊、自信、乐观、坚韧、宽容、幽默、吃苦、爱人！

这些"小大人"就能够做到：

一是，勇敢地面对困难，冷静地分析困难，积极地解决困难！

二是，平和地奋斗生活，快乐地享受生活！

三是，善待、包容、帮助别人。

其实，教育，原本很简单，无关父母是否有文化，无关父母是市民、农民，无关父母是单亲、双亲，无关父母是中国人、外国人。

那么,教育与什么有关系呢?

最关键的是:父母是否阳光、理性、平和、有耐心、有原则、善解人意!

烦恼即菩提

某晚，应好朋友之重托，我去患者家中咨询一个已经不出门一个月的高三男生。

该男生，当年的中考成绩 961 分，如愿顺利考取当地最好的高中，高二期末考试成绩在学校级部位居中游。

我端着一杯茶，亲切自然地走进该男生的卧室，很快就取得了他的信任，我们像老朋友一样娓娓而谈。

该男生慨言其困惑之一为：

他一直学习很努力，然而，再努力学习，成绩还是上不去。他天天这样努力，学烦了，学够了！

我予以疏导的要点之一：

烦恼即菩提！

　　每个人的一生,从出生开始,就是一个不断面对烦恼、不断解决烦恼的过程! 每个人,冷静面对烦恼、勇于克服烦恼的过程,就是修行提高的过程,就是觉悟增慧的过程! 人克服的烦恼越多,战胜自己的次数就越多,觉悟的道理就越多,思想的境界就越高! 就像《西游记》中的唐僧,克服的苦难越多,觉悟的道理就越多,修行的境界就越高,直至克服九九八十一难,功德圆满,修成正果!

　　该男生悟性很高,越听我的疏导越高兴,越听我的点悟越放松,尤其欣赏我说的"烦恼即菩提"。

　　次日,他就高兴地上学去了。

　　每个人,越早看透烦恼的根源,就能越早地做到:

　　勇于面对烦恼,

　　静心面对烦恼,

　　积极分析烦恼,

　　努力解决烦恼!

　　进而,

　　不断战胜自己,

　　不断提高自己,

　　不断完善自己!

　　自然,

　　就能成人。

培养孩子的敬畏之心

时下，越来越多的家长对青春逆反期的孩子担心、头痛却又无可奈何：

对孩子苦口婆心地劝导吧，孩子就会烦躁地走开或冲你大吼；对孩子严厉地打骂吧，孩子就会对抗或离家出走，甚至还担心孩子会轻生；对孩子放任自流吧，孩子确实又不走正路……

诸多家长痛楚痛心之后，就会尝试来心理门诊寻求帮助。我对此类家长解释得最多的一个观点就是：父母没有培养孩子的"敬畏之心"！

每个孩子，生来都是好孩子，而父母，是孩子情商培养的第一任老师。在与孩子的互动交往中，父母的言谈举止对孩子耳濡目染、潜移默化的影响会直接深入孩子的潜意识里，即父母的言谈举止对孩子的情商培养的影响是巨大而深远的。

所以,心理学上有个原则:

孩子出问题,结果在孩子,原因在家长! 先有问题家长,后有问题孩子!

"树大自然直"是中国古代的育儿名言,既然是名言,肯定有其正确性。但是,在现实世界中,为何很多小树偏偏长歪了呢?

答案很简单:

一棵树苗在成长的过程中,只有周围的温度、湿度、空间、虫害等各种条件都适合时才会"树大自然直",只要有一个条件不足,也会影响幼苗的长大、长直、长旺。

西方心理学对"树大自然直"的形象解释是:

父亲要像雄鹰,具备阳光、开朗、幽默、大度、坚强、坚毅等阳刚个性;母亲要像鸽子,具备温柔、温和、细腻、勤劳、善良、包容等阴柔之美。在这样的家庭环境中成长起来的孩子就是凤凰,同时具备阳刚、阴柔的"完美"个性。

中国古代的育儿名言"严父慈母",特别符合上面的形象比喻:

严父——雄鹰;

慈母——鸽子。

然而,在现实生活中,有些父母却都对孩子很严厉,令孩子从小就对家长产生畏惧之心,此类孩子小时候会因为害怕挨打而被动听话。但是,一旦到了青春期,孩子的身体强壮了,有了反抗的资本,敌对逆反心理就会一发而不可收了,就会反驳甚至训斥父母,令父母无计可施地怒骂"这孩子天生就是拗骨头"。有部分孩子,习惯了压抑恐惧,就会养成内向、退缩、懦弱的个性,表现得像个"小熊包"。这时,他们的家长会给自己找一个冠冕堂皇的借口:"这孩子天生就这个熊样!"

有些父母却都特别疼爱孩子,对孩子百依百顺,结果,孩子自幼没有接受过惩罚,不知道什么是规矩。此类孩子的结局:或者走向反社会,无法无天地打闹;或者成为家里蹲,不敢面对家外的世界。

唯有那些真正做到"严父慈母"的家庭,才会令孩子很自然地从小对家长有畏惧,很明确地理解做错了事情就要受惩罚,很明确地知道什么是规矩,就会自然且自觉地去遵纪守法地学习、工作;另一方面,孩子自幼对家长自然地存有尊敬,可令孩子自幼便学会对别人要尊敬,就会谦虚、自控地去与别人交往。

自幼培养出敬畏之心的孩子,到了青春期,会与父母交往得更亲切,不但不逆反,反而有关爱父母之心;更重要的是,孩子有了敬畏之心——

就会珍爱自己,不会自伤、轻生;

就会珍爱别人,不会伤人、害人。

后 记

　　借本文诠释一下树大自然直、严父慈母等俗语的本意。

化解“代沟”

　　近一年来,到心理门诊找我咨询的孩子越来越多,这些孩子,有一个共同的问题是:

　　父母不理解自己。

　　对于孩子的这个问题,我,作为心理医生,需要慎重斟酌回答。

　　为何呢?

　　如果指责是父母做得不好所致,那么,本来一直全心全意爱孩子的父母就会感觉很委屈;而本来就对父母怀有愤怒的孩子就会与父母更敌对。

　　如果指责孩子做得不好,就立即破坏了孩子与心理医生的关系,孩子就会对心理医生产生抵触反感情绪,心理治疗就进行不下去了。

故而，我采取"中庸之道"：

千古以来，父母与孩子是两代人，有代沟，是正常的事，是普遍现象，所以，孩子别去苛求父母多么地理解自己。

如此这般"化解"回答，就会令孩子与父母都觉得轻松满意。

那么，孩子应当怎么做呢？

孩子心理健康成长的金法则：

良好的人际交往，是健康心理与健全人格的基础！

孩子，一定要多与同龄人交往交流，通过"观察学习"与"模仿学习"的途径，去学习同龄人的优点亮点，去吸取同龄人的经验教训，然后，令自己反思、总结、成长；而非傻傻地无意义地与父母对抗，破坏了这世间最亲近的关系，蹉跎了这一生最珍贵的学习时光！

带着症状去学习、生活

有些学生患者、成人患者，看了很多当地乃至全国的著名心理医生，然而，却没有任何的治疗效果，对此，他（她）们振振有词：

如果我能做到那些，还来找心理医生啊？谁不想好啊，我不是难受嘛！！！

事实上，这恰恰就是此类患者真正的问题：

因病获益！患者借口自己有病了，躲到病里去了，逃避了本该去进行的学习、社交、工作。

然而，人的思想、人的能力，不进则退！患者逃避日久，与同龄人的差距必然就越来越大，也就越没有足够的信心与勇气再去出门奋斗，很快，颓废为家里蹲，荒废了本来应有的美好人生。

故而，我会直指人心地点化我的这类患者：

一方面系统用药；另一方面，别拿自己当病人，即使难受，也要带着症状去努力奔跑，也要带着症状去努力学习、工作。

因为，人唯有向前奔跑，才会有机会开阔眼界，才会有机会取得进步，才会有机会跑笑了。

后 记

我时常对厌学的学生讲：

谁乐意学习啊？没有人乐意学习！

谁乐意工作啊？没有人乐意工作！

古今中外，大家都是强迫自己去学习、工作，而后，就养成一种努力的习惯；而后，努力带来的好处，令自己更加去努力。

如此，形成努力的良性循环。

如此，就有美好、精彩的一生！

家庭治疗

一天上午，在心理门诊，我连续接诊了三位带孩子来咨询的妈妈。

第一位妈妈，本身就是优秀教师，但是，因为生性急躁，虽然对自己的学生能做到循循善诱，对自己的儿子却没有了耐心与赏识。

从儿子幼年起，她就包办、代替了儿子的思考及行动，一旦儿子说得不对，立即予以打断并指责。结果呢，这位强势的妈妈，把孩子培养成了懦弱、内向、退缩的个性。他在高一上半年学习还好，从高一下半年开始，有拖拉、磨蹭、发呆的表现，学习成绩下降很快。如此一来，他妈妈就更加急躁，孩子呢，就更消极磨蹭，如此这般，走向恶性循环。

第二位妈妈，尽管不是教师，但是，也是脾气急躁、啰唆的女人，经常一句话重复很多遍，从不考虑别人的感受。

她的儿子已经拒绝上学两周，只要妈妈一提上学，就烦躁得摸刀想轻生。儿子都严重到这种程度了，这个妈妈却依然一再要求心理医生劝说她儿子明天就去上学。

第三位妈妈生性懦弱、多愁善感，天天无端地担心儿子的学习成绩，天天无聊地忧虑与丈夫婚姻的稳定性。久而久之，她变得像个祥林嫂一样，在丈夫面前唯唯诺诺、低声下气，令丈夫看到就心烦、生气，不愿回家；在孩子面前则表现得像祈求孩子学习一样，令儿子感觉只要考差了，就有深深的负罪感，就会默默地流泪哭泣。

环境造就人：

同样的婴儿——

在狼群里长大，就会自然而然地学习狼性，成为"狼孩"；

在羊群里长大，就会自然而然地学习羊性，成为"羊孩"。

在理性、平和、有原则的家庭氛围里长大，就自然而然地成长为正常孩子；

在感性、焦躁、无原则的家庭氛围里长大，就自然而然地成长为问题孩子。

故而，心理学上有个原则：孩子出问题，结果在孩子，原因在家长！或者说，先有病态的家长，而后，才培养出病态的孩子。

所以，治疗孩子的心理问题，重点不是治疗孩子，而是治疗家长。因为孩子与家长接触得最多，而亲子关系是互动的，家长改变了，孩子就会相应地随之而改变。

在这三个家庭中，那三个当爸爸的，都是表面精明实则并不智慧。

因为他们不明白：成功地管教引导好自己的孩子，比自己任何事情的成功都重要！如果管教引导自己的孩子失败了，那么，自己的任何事情的成功都不重要！那三位爸爸，表面上都很忙碌，好像真的没有时间去陪伴、观察、引导自己的孩子；好像真的没有时间去陪伴、观察、改变自己的妻子。

然而，家庭，是一个完整的动态的系统，在这个系统中，缺乏哪位家庭成员的参与，都是不完整的。或者说，在一个家庭系统中，一旦哪位家长出现了问题，孩子就会不可避免地出问题。

当然，任何事情，没有绝对，只有相对：

在一个家庭中，如果妈妈的内心足够强大、平和而理性，也可以代替爸爸的男性榜样作用，照样可以把孩子教育得很成功。

同样，在一个家庭系统中，如果妈妈是感性、懦弱、无原则的，而爸爸却是非常阳光、坚强、平和、理性的，也可以把"幼稚"的媳妇与幼小的孩子同时管教引导得很成功。

故而：

环境造就人，

环境改变人！

对于出问题的中小学生，必须予以家庭治疗，必须首先改变

"病态"的家长,然后,让"健康"的家长创造出一个健康的新的家庭环境,孩子就会相应地慢慢改变了。唯有如此的心理治疗,才是治根,才是治本。

当然,家庭治疗的技术,并不单纯地用于解决孩子的问题,在一个家庭系统中,还可以用于解决夫妻问题、婆媳问题等等。

后记

事实上,在家庭治疗中,如果家长积极配合,孩子一般都改变得比较好,都改变得比较彻底,一家人能够温馨快乐每一天;如果家长固执己见,尤其是一些家长自以为是,认为把问题孩子推给心理医生就万事大吉了,这类家庭中孩子的改变就比较小,甚至没有改变。或者,孩子即使在心理医生的诊室里表现得比较好了,一旦回到原先的病态家庭环境中,就又变回原来的病态样子了。

行动与感觉

很多人拖延着不去行动，

他们铿锵有力的理由是：

没有感觉，

找不到感觉！

因而，

不去参加集体活动，

不去尝试新的技术，

不去坚持体育锻炼，

不去尝试恋爱关系。

……

其实，

行动会带来感觉，

只要人们勇于、乐于去做，

就一定会带来好的、新的感觉。

草民朱元璋，一开始参加起义军，只是为了吃顿饱饭，绝对没有梦想着当皇帝；

贫民林肯，费力自学后当了一个律师，也绝对没有梦想着当总统；

初中生李嘉诚最初创业，也只是为了家人能摆脱温饱，也绝对没有梦想着成为富豪。

……

所以，

行动会带来感觉，

不断地行动，

会带来不断的新感觉，

直至达到意想不到的结局！

而等待"有感觉后才去行动"的人，

只能是越来越没有感觉，

直至老去！

后记一

创业，不是说，而是做；

恋爱，不是想，而是谈；

工作，不是挑，而是干。

……

后记二

很多孩子的学习也是如此：自认为没有学习的感觉，所以拖拉着不去学习，结果，越拖延，压力越大，越没有学习的感觉，最后放弃学习。殊不知，开卷有益，只要静心坐下来，不知不觉中就进入学习的状态了，然后，越学越好，进入良性循环，最终学得挺好。体育锻炼亦然……

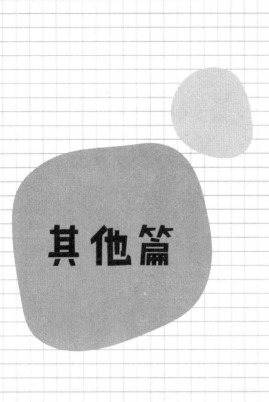

其他篇

柔软的心，柔软的人

多年前的一天，心理门诊来了一个23岁济宁市的女病人。她全身剧烈疼痛，不能吃饭，不能睡觉，痛苦异常。

上述疼痛症状已经持续了三天，父母带其在当地及省立医院都看过了，但是，均未查出"器质性病因"。

三天中，因为连轴转般看病，她的父母也折腾得心力交瘁。事实上，他们一家三口，是抱着"有病乱求医"的半信半疑的心态来找我就诊的。

来到诊室，女孩因为剧烈的疼痛，趴在诊断床上痛苦地哭泣不已，父母则焦灼不安地在一旁进行一些明知无益的劝慰。

我询问病史时，了解到她于四天前遇到了一个意外打击，一天之后，就出现了全身疼痛的症状。

该病人的诊断，是典型的"持续的躯体形式的疼痛障碍"。

我自信地、肯定地对病人及其父母说："这种病人我天天看，给你用上特效药，保证你两三天就会好了！"

三天后，一家三口笑逐颜开地来我的门诊表示感谢，女儿已经完全不疼了。

原来，他们一家三口没回老家，一直在本地的宾馆里住着呢。女儿回去吃药后，酣睡了一个晚上，第二天就好多了，服药的第三天，就几乎没有疼痛感了。然后，他们一家人就放心了，坚信这次已经看透了病、用对了药，想多拿点儿药物回家巩固疗效。

该病人为何会表现得"全身异常疼痛"呢？

心理学上的病理机制为：一个人，突遭意外打击，内心就会持续高度紧张，而心、身一体，身体也随内心紧张而无意识地紧张，但病人感觉不到身体肌肉的紧张，外表上可观察到的身体紧张信息只有"愁眉不展"。全身肌肉如此持续紧张一天，就会出现全身疼痛，继而更觉得痛苦，内心就会更紧张，如此恶性循环，越来越疼痛难忍。

故，心、身一体：

有了紧张的心，

就是紧张的人；

有了愁眉不展的身，

必有焦虑不安的心！

现实生活中，有很多人时常会感觉自己的手脚"冰凉"，这类人，一般都属于"多愁善感、焦虑紧张"的性格类型，其导致手脚

"冰凉"的心理学病理机制也是：

内心经常紧张，身体就相应地无意识地紧张，时间长了，血管的正常弹性调解机制就会紊乱失效。血管持续地处于紧绷状态，久而久之，就必然地硬化、僵化了，就会影响身体末梢的血液流动。血液流动不畅，就会出现肢体远端手脚的"冰凉"的感觉。

俗言：境由心造！

同样是离婚：

有的人长舒了一口气，可跳出那个火坑了，宁可独身到老，再也不那样过了。

有的人则情绪低落，这日子以后可怎么过啊，再去找谁结婚啊？

同样是退休：

有些淡泊的人会兴奋地说，熬了几十年，可算退休了，终于可以安稳地拿个全工资了。

有些想再长点工资的人则失落地感叹，退休年龄定得太早了吧，再过几年退休多好啊！

身由心造！

紧张的心，紧张的人；

冰冷的心，冰冷的人；

温暖的心，温暖的人；

死亡的心，死亡的人；

柔软的心，柔软的人！

应当同情、帮助母亲

我的一位女患者，认为我给她看得很好，对我特别认可，因而，强烈建议她那远在北京的侄女来找我看看。

一天，她的侄女及侄女婿真的从北京来找我咨询了。

其侄女那年 26 岁，有一儿子已经三岁了，她与丈夫在北京开了一家小公司，自己的小日子过得红红火火的，单从经济上讲，比上不足比下有余。

该北京来的女士系大学毕业生，思维能力、表达能力均佳，所以，我很容易地了解到：她系家中的老大，自幼被放到姥姥家长大，后来，又有了一个妹妹、一个弟弟。

她在上小学后，因诸多原因，回到爸妈身边生活。之后，其母亲对其要求甚高，无论她怎么努力去做，都令其母亲不满意。其母亲总是嘲讽她作为家中的长女,反而不如妹妹、弟弟做得好。

在她上高中时,父亲不幸患癌症去世,其母亲却对外说是她把父亲克死的,令其压力巨大,又无处话凄凉。

她考上大学后,母亲坚决不让她去上大学,说她不懂事,应当立即工作挣钱养家才对。后来,尽管善良的姥姥、舅舅出钱供她上的大学,然而,其母亲却仍然对此耿耿于怀。

她好不容易大学毕业在北京成家立业了,母亲仍然想方设法地向其多要钱,令其内心颇为愤懑不平。比如这次从北京回来,尽管她给母亲带了很多礼物,仍然是提心吊胆地去面对母亲,直至离开母亲家后,才长长地舒了一口气。

我对其疏导道:"您自幼在这般恶劣的成长环境中长大,没患上精神分裂症,没患上内源性抑郁,没有人格障碍,已经自我调节得够好的了,我很佩服您的心理素质……"

还没容我讲完,该女士早已经无语凝噎、泪如泉涌。

"这么多年来,第一次有人这么理解我……"该女士激动得说不出话来。

"您真的已经做得够好的了,之前的人生经历,都已经过去了。她毕竟是您的亲生母亲,没必要再去数落您母亲的是非曲直了。今后,您可以继续多给您母亲钱物,但是前提是,必须与她讲明白,不要让她觉得是您好欺负才多给她钱的。这样,在您的多次理性抗争下,她才会慢慢静下心来理性地思考您对她的好。您的母亲不是一个温和聪明的女人,您的父亲过早地患癌症去世,不是与您有关，而是与您的母亲长期盲目强势导致您的父亲内心持续郁闷有关。然而，越是这样，您越应当同情她，帮助她，让她比较好地过完余生。您的焦虑抑郁情绪，是情景性的，没必要用药，自己化解开这些事自然就好了……"我对其继续疏导道。

该善良女士及其温润丈夫听罢，又深入交流了几句，放松地连连道谢后返京而去。

背部一团冰

　　一天,我去医院老年二科病房会诊了一个 74 岁的女性患者。该患者主诉:背部冰冷 10 余年。

　　10 余年前,患者开始出现感觉整个背部像有一团冰在旋转着融化,冰冷的感觉从后背透到心脏、肺脏,即使在夏季的三伏天,睡觉时也得用电褥子温暖背部,因此痛苦异常。同时伴随有阵发性心烦、坐立不安,全身说不清楚地难受,持续约 20 分钟,自行缓解。

　　10 余年来,她多处就诊,服用多种西药、中药,均未见效果。虽然患者的主诉如此之痛苦,但是并未影响她的晚眠及食欲,也未影响她的日常劳动及平时的人际交往。

　　该患者的诊断系典型的"躯体化障碍"。

　　导致她背部冰冷的心身医学机制为:

她总是热心地去帮助别人，同时，也期待别人像她那样好好地对待她。然而，好多人对她的回报，令她很不满意，令她特别"心寒"。如此日久天长，她心里的寒冷累积得多了，就"凝固"为冰块，而心身一体，就令患者感觉冰块一直在背上背着，冷彻心肺。

融化她背部冰块的"心法"很简单，悟彻：

做自己应当做的，帮自己应当帮的，不求任何回报！别人回报就高兴，别人不回报也无妨！

媳妇对情绪的缓冲作用

一天上午,一位 58 岁男士在媳妇陪同下忧心忡忡地步入我的心理诊室。该患者的主诉为:烦躁不安、头晕低落、失眠噩梦两周余。

该患者的诊断很简单——典型的"混合性焦虑和抑郁障碍"。

治疗方面,必须予以药物治疗,然而,看着患者仍然紧锁的眉头,我想:心病还需心药医,他肯定还有压抑的心结。

于是,我予以快速简洁的心理问询,旋即明确了该男士患病的因果关系:

该男士系内向少语、老实木讷之人,平时出远门,都是媳妇陪同着,有什么大事、小事的,互相商量一下或由媳妇代替他去应酬。然而,一个月前,该患者执意要回千里之外的南方老家过春节,而媳妇呢，却因为必须照看才几个月的小外甥而脱不开身。无奈之下，该男士遂独自回南方老家看望老母亲，结果呢，回到老家后，因不善言辞与交际，天天心里堵得慌，负性情绪不断累积之下，出现上述焦虑抑郁症状。

俗言：答案，就隐藏在问题里。

既然弄明白了该男士问题的来龙去脉，我爽朗地对该男士针对病因进行疏导："别愁眉苦脸的了，没什么大不了的，以后再出门时带着媳妇就是了，就可以很好地缓解您的紧张不安情绪了，也就不会再出现这个问题了。"

该男士听罢，微笑放松地走了。

每一个人，在内心深处，都是脆弱的、孤独的，都会压抑很多负性情绪，都会心有千千结，故而，都需要父母、兄弟姐妹、同学朋友作为情绪的缓冲系统，起到倾诉、宣泄、支持、指导、帮助的作用。

故而——

家有贤妻则夫祸少，

家有良夫则妻祸少；

家有明白父母则孩子好，

家有孝顺孩子则父母好！

愚蠢的内耗

家庭,是人世间的每一个人内心深处最安全温馨的港湾。

离开家久了,就会想家;

在外面受了委屈,就会想家;

身体病了,更会想家;

……

故而,家庭,对调节每一个人的身心健康,极为重要。然而,唯有家庭成员之间的关系达到和谐温馨的境界,家庭才能很好地起到调节身心健康的积极作用。

有些家庭,内部成员之间不和谐,就会出现愚蠢的内耗。

夫妻之间,相互指责挑剔,耗费了大量精力,严重阻碍了个人的能力提升、事业发展、幸福人生。

孩子与父母之间、媳妇与婆婆之间的争斗亦是如此。

故而，家庭成员内部的愚蠢的争斗，耗费了大量的精力，浪费了大好的生命时光，令人痛心，每位成年人，必须警醒、警惕之。

我在临床咨询工作中，往往对咨询者当头棒喝。

第一，我时常对抱怨指责婆婆的女士说："您与一个六七十岁的老太太斗什么气啊？你们斗来斗去，除了令家庭成员们内伤，除了令外人看热闹，没有任何积极意义。您如果有时间、有能力、有精力，应把目光放到家庭之外，去努力地奋斗，享受生活。"

第二，我对天天把目光放在内斗上的夫妻，也如此这般地去疏导，以令夫妻都能意识到：

怎样做才是明智的丈夫，

如何做才是聪明的媳妇。

不吃饭的病人

多年前的一天，在枣庄做医生的大学同学在电话中指示："朋友的姐姐60多岁，患有多种疾病，经积极治疗，所有的身体疾病都已经趋于稳定。但是，近两个月来，患者不吃饭、不喝水，近两周在省立医院住院治疗，但是，仍然未能解决问题。昨天她刚从省立医院出院回到枣庄，她的孩子决定放弃治疗。但是，病人的三个弟弟坚决不同意，坚持认为患者目前没有危及生命的大病，不能就这样放弃。就这样，她的一个弟弟来咨询我，我觉得应当是你能治疗的疾病，我认为你肯定能给她治疗好的。这样，我让她的弟弟们明天带病人去找你住院，麻烦你给她好好治治。"

我一听，该患者"不吃饭、不喝水"的症状，好像是心理问题，就爽快地答应了。

次日，患者"如约而至"，我详细询问相关信息后，综合推理得出：

该年近七旬的女患者一向老实忠厚，从不愿意麻烦别人，半年前患脑梗后，导致行动不便，尽管生活能够自理，但是没法干家务了，就感觉自己成了家人的累赘，所以，想通过绝食的方式自杀。如果是脑梗导致的"不吃饭、不喝水"，患者应当有吃饭、喝水的主观愿望，应当有尝试吃饭、喝水的主观举动。

既然是心理问题，我就当即试图用我的"伶牙俐齿"去疏导患者，然而，该患者就是皱着眉头缄默不语，无奈，只好先予以系统的药物治疗。

其入院后，医生立即予以插上胃管，以保证胃肠进食，也能保证把我开出的活跃情绪的药物顺利地送入消化道。

因为患者患有多种疾病，所以，对活跃情绪及镇静催眠的药物特别敏感，尽管使用小剂量，在用药后的四五天里，患者几乎一天二十四小时地昏睡。我每天中午都过去仔细地察看患者，观察到患者即使在昏睡状态，依然眉头紧缩、神情痛苦，这足以说明该患者的抑郁情绪有多么的重。

因为短期内没有治疗效果，该患者的儿女就有些沉不住气了，但是，该患者的三个弟弟的态度仍然很坚决：必须继续住院治疗，一直住到好转为止。

因为我确信患者的拒食、拒水就是抑郁情绪所造成的，而治疗重度抑郁症，就是我的专业，所以，我对该患者的治疗预后是比较有信心的。我就一再鼓励陪床的患者的儿子："抗抑郁药物的最迟起效时间是两周,既然已经来住上院了,无论如何也要坚持住两周看看再说。"

功夫不负有心人。

在医院几位医生的共同努力下,治疗第八天时,见证"奇迹"的时刻就到了:病人自己拔掉了胃管,主动要求吃饭喝水,能与家人聊天及下床练习走路了。一时间,所有相关之人,皆大欢喜矣。

多年前的一天,一位82岁的男患者,在医院住院,因连续两天不吃、不喝、不说话,被主管医生下了病危通知书,家人把寿衣都为他买好了。然而,该患者的一个女婿认识我,对我很认可。该女婿就建议患者的几个孩子:"咱不能眼看着老爷子就这样死了啊,既然如此,咱到中心医院心理门诊拿点儿药吃吃看,再试一试吧。"

该女婿在众姊妹中间颇有威望,大家就听从了他的建议,然后,就把我开的药物通过胃管输送到消化道里消化吸收。

功夫不负有心人。

仅仅用药三天,该患者就主动吃饭、喝水、讲话了,随即出院,至今仍口服我开具的药物,身体状况尚健康。

故而,一旦遇到"不吃饭、不喝水"的病人,不妨让心理医生看看,或许,就会有意想不到的治疗效果。

心理美容

一天，一位 52 岁的肝癌晚期男患者，缓缓地走进了我的诊室。

我仔细地观察他的非言语表达——愁容满面，欲言又止，垂首低眉，轻轻叹息不已。

该患者面如死灰，令人看不到他身上的盎然生气与勃勃生机。

该患者有气无力地向我低语："唉！我是个等死的人了！我白天、晚上都睡不着觉，没有丝毫的食欲，对任何事情都没有兴趣了！"

我温和地疏导："您在这个年龄，就患上了这么严重的疾病，说明您在年轻时期就容易急躁，就经常生闷气。现在，您已经查出了如此严重的疾病，如果您比以前更想不开，如果您比以前更加苦闷，您的病情肯定会发展更快。既然病情已经如此了，那就生死由命，即使是明天死去，今天急得去碰头也没有意义。您不如坦然地面对死亡，轻松快乐地过好当下的每一天，在有限的余生里，高兴快乐地做做自己想做的事情。"

俗言：相由心生，相由心变！

两周后复诊时，该患者的神情已然比较放松，面部的微笑也比较自然了。他的脸色已不那么灰暗，露出了隐隐的生机。

半年后再复诊时，他与我，已成了老朋友一般。他可以幽默地自嘲，可以阳光开朗地大笑，脸色已经比较红润，还在某个单位当上了保安。

来心理门诊的很多患者的气色都表现得灰白、灰暗、灰黄、黑眼圈、水肿、嘴唇干瘪、眼神黯淡。

像这些苍老病态的气色，单靠"面部美容"，是很难掩饰的，尤其难以掩藏黯淡的眼神与水肿的皮肤。但是，经过治疗，患者的睡眠好了，食欲好了，心情好了，气色也就随之好了。

我第一次想到"心理美容"这个名词，大约是在 2006 年阅读《廖阅鹏催眠圣经》时受到的启发。廖阅鹏在书中写道："许多个案结束催眠时，整个人好像刚刚用天上的仙水洗过脸一样，容光焕发极了。"

第一次读到这句话时，我的思维当即就停留在这句话上反复斟酌：催眠的过程，就是被催眠者身心彻底放松的过程，从而达到真正的"心平气和——内心平静而气机平和"，进而全身气血和畅，表现得容光焕发。这就相当于一次"从内里向外表"的美容，即"心理美容"。

有了"心理美容"的概念，我随即就联想到：传统的"脸部美容"，是在脸的表面皮肤上涂脂抹粉，以掩盖住面部的瑕疵。故而，如果把传统的"脸部美容"与催眠的"心理美容"结合起来，那就是"整体美容"，那就是心身健康的完美的美容了。

那时的我，当即带着这个自以为巧妙的想法，去考察了几家大型的美容机构，均得到老板们的一致认可。

那些美容机构的老板向我反映：来做美容的人，一般都是社会的中、上阶层女士，她们衣食无忧，更多地追求精神生活的质量，她们内心的烦恼、苦闷就比较多，往往在做美容的过程中，就会有意无意地向美容师倾诉衷肠。所以，如果美容机构能同时提供专业的心理宣泄、放松渠道，肯定会受到广大顾客的欢迎。而且，如果运作得好，美容机构还可以开连锁店以扩大经营。

后来，我因为无法停薪留职，因为还想继续提高心理学水平，因为所有家人都反对放弃"铁饭碗"，就没有实现这个成长过程中的小小梦想。

故而，作为心理医生的我，总结出：

整体美容 = 心理美容 + 身体美容

有了心理美容，才是完美的美容！

后 记

一切皆心也!

美容:相由心生,相由心变。

疾病:病由心生,病由心变。

爱慕:吸引眼球的是外表,打动内心的是思想。

自设的精神牢笼

几年前，有一个 26 岁男青年，因为坚信有很多坏人跟踪、监视、谋害他而恐惧得躲在卧室里足足一年有余，他那"愚钝"的父母，在一位至亲的强烈建议下，才到医院找我咨询，我予以诊断为"偏执型精神分裂症"。然后，他父母把我开的药物溶化研碎，偷偷地放到米饭里，如此暗中予以用药一个月余，他就能出门上班了。

一个高中男生，坚信：邻居与坏人共同吸食毒品，把毒品的溶液暗地里放到他家的水及饭中；安装窃听器、监视器以跟踪陷害他。如此，他吓得不敢出门已经一个月有余，某天上午，在妈妈的半哄骗半强制下来到我的诊室。

这些有关系妄想、被害妄想的偏执型精神分裂症患者，一般，都是像上面的两位患者那样闭门不出，把自己紧紧地锁在自设的精神牢笼里。

这类患者,如果不予以恰当治疗,病情就会持续发展,进而,泛化到怀疑父母家人也参与迫害他,即使把自己封闭在自己的卧室里,仍然感觉不安全,仍然会臆想到有坏人在暗处谋害他,以至于感觉无处可逃,甚至绝望地选择自杀。

大家都是一个鼻子两只眼,都是脚踩着同一个地球,都是头顶着同一片蓝天,为何这些人会把自己锁在自设的精神牢笼里呢?

俗言:性格决定命运!

他们具备了罹患精神分裂症的病前个性:

孤僻、内向、敏感、多疑、固执、退缩、阴暗。

既然,个性的好坏如此之重要,那么,什么决定个性呢?

良好的人际交往,是健康心理与健全人格的基础!

人唯有进行良好的人际交往,才能很好地避免误会、误解;才能很好地通过别人那面镜子去纠正自己的不当言行与思路;才能很好地学会从更多的角度看自己、看世界;才能很好地通过自嘲、阿Q精神去及时地调整自己的不良心态;才能很好地培养出阳光开朗、宽容大度、风趣幽默、积极乐观、坚韧不拔的良好个性;才能很好地避免把自己锁在自设的精神牢笼里。

故,育儿,必须首重情商培育,必须首重良好的人际交往能力的培育。

老爹喝茶

我的老爹自从 15 年前脑出血出院后，遗留下行动踯躅及思维简单的后遗症。

为了打发悠闲的清静时光，老爹就自己找乐子：

他上午、下午均沏一壶清茶，然后边品茶边自言自语地读、写一些格言警句，如此，一天的闲暇时光，就这样充实地过去了。

老爹一旦看到我在家，就会喊我过去坐下来陪他喝杯功夫茶，然后，一边喝茶，一边"自鸣得意"地把他思考的格言警句教导给我。

每当此时，我都会一边正儿八经地品茶，一边洗耳恭听老爹所讲的大道理。

然而，老爹的脑子毕竟不好用了，时常说出了上句，却忘了下句。每当此时,我就会自然地给他老人家说出下句,然后,老爹就会爽朗地大笑:"原来你早就知道啊!"

尽管如此,我的老爹却仍然乐此不疲地边喝茶边思考格言警句,仍然有机会就教导我做人做事的大道理。

对此,何以解释呢?

老爹时常对我耳提面命地讲:"只要我还活着,你就是我的儿子,我就有责任教育你!"

一天,老爹兴奋地向我炫耀:"从昨天开始,我的好茶叶的茶根,不再倒掉了,而是放到嘴里慢慢咀嚼吃掉,这样更养生。"

哦!

喝茶,成了老爹打发悠然时光的很好的方式;

喝茶,成了老爹与我情感交流的很好的契机!

故而——

老爹,通过喝茶,留住了宝贵的亲子时光;

老爹,通过喝茶,度过了悠闲的老年时光!

阿尔茨海默病

一天，我到老年病科去会诊一位 89 岁的女性老红军，陪床的是她 65 岁的女儿。她的女儿委屈地对我诉说："我是厅级干部退休的，家里条件比较好，但是，近两年来，老太太竟然怀疑我偷她的东西，时刻提防我，把她认为值钱的东西到处乱藏，藏得连她自己都找不到，就更认为是别人把她的东西偷走了。我怎么给她解释也没用……"

我详细询问病史了解到：该老红军以前性格开朗，身体一直比较硬朗，前几年还每年都独自出去旅游。大约三年前，她出现了明显的健忘，刚做过的事情，转眼就忘记了，但是，多年之前的事情，却还记忆得挺好。近两年，她的健忘更加明显了，性格也日益变得狭隘固执了，听不进别人的解释，总是怀疑别人偷她的东西，心烦易怒,经常失眠。

我对她的女儿解释:"老太太的健忘、个性改变及多疑,是"阿尔茨海默病"的表现。这是一种常见的老年病,您不要生老太太的气,她现在被病控制了,谁劝说也没有用,用点儿药物就可以很快消除她的多疑症状及稳定她的情绪。"

结果,用药仅仅一周,老太太的多疑症状就明显减轻了,情绪也温和多了,睡眠也改善了。

她的女儿很高兴,连说:"早知道这是病,早就给老太太看了!"

一天,几位中年男士陪同一位 77 岁的男性农村老人来看病。

他的儿子们汇报病史说:老人的身体一直很好,一直天天放羊,但是,近一年来,出现越来越明显的健忘,近半年,出现越来越强烈的性欲亢进,几乎天天半夜起来喝酒,然后折腾老伴,如果老伴不顺从,非打即骂,吓得老伴躲出去住了。几个儿子无奈地调侃说:"俺这些当儿子的也都四五十岁了,我们也都没这么旺盛的精力啊,老人家这是怎么了呢?"

我仔细询问病史,病人没有"兴奋、话多、吹嘘"等功能性躁狂症的表现。我让病人先去做了一个颅脑 CT,检查结果:脑萎缩。

我向病人的孩子们解释:"老人得的是阿尔茨海默病,他的性欲亢进,是一种病态表现,完全可以通过药物治疗控制症状。"

阿尔茨海默病,是一种起病隐匿、进行性发展的神经系统退行性疾病,少数病人在躯体疾病、骨折或精神受到刺激后症状迅速明朗化，临床上以记忆障碍、失语、失用、失认、视觉空间技能损害、执行功能障碍以及人格和行为改变等全面性痴呆表现为特征，病因迄今未明。65 岁以前发病者，称早老性痴呆，65 岁以后发病者称老年性痴呆。

患上阿尔茨海默病的病人，对自己的病情没有自我认识能力，否认自己是病人，不会主动到医院就诊求治。在此，我衷心希望本文能起到科普宣传作用，以令大家能对该病做到：

及时识别，

准确就医，

恰当治疗，

省心省钱！

家庭也需要经营

一般晚饭后,我都到阁楼上与老爹老妈打个招呼,顺便闲聊几句,以刷刷我在老爹老妈心里的存在感。

一天晚上闲聊时,老妈好像一下想起了什么重要的事情,压低声音,煞有介事地对我说:"前几天,你媳妇炸的香椿芽,太咸了,比咸菜还咸,我吃了一口,把我齁死了,都吐了。"

老爹一听,也小声地对我说:"嗯,真够咸了,我就尝了一小口……"

"哦,那不是雪华炸的,那是一个朋友炸了太多,吃不了,送给我的。"我微笑着对两位老人解释道。

"哦,是这么回事啊!"两位老人郁闷了两天的误会,就这样被轻轻地化解了。

一天晚饭后，老妈暗地里小声对我说："你儿子把我的手机摔坏了，你看看，没声音了，我给你钱，你再去给我买一个吧。"

"哦，我看看哪里坏了。"我拿过来看了看，原来是儿子把奶奶的手机调成静音了。我把声音调成最大，然后递给老妈："没坏，也没摔，只是孩子给您调成静音了。"

如此，老妈对我儿子的误会就悄悄地化解了。

人生，需要盘算；

家庭，需要经营！

只有协调处理好家庭内部成员间的关系，才有利于老人的健康长寿，才有利于孩子的快乐成长，才有利于个人的安心工作。

我对我老妈说："如果您觉得家庭成员内部有什么事，您就与您儿子我说，别闷着，说出来就能避免误会、误解。您不用与您儿媳妇说，因为，毕竟那是儿媳妇，不是那么担事，与我说就行。"

故，中年丈夫，是家里的定海神珍。只有中年丈夫很好地协调好婆媳关系、夫妻关系、亲子关系，才能令整个家庭风平浪静、风和日丽、和谐安康。

别要求太高

　　一天，我在家中给老爹理发时，老爹情不自禁地说："俺儿给我理发，不光是为了省事、省钱，关键是能培养咱父子的感情，这是万金难买的啊！"

　　哦，事实上，我从十一二岁时的青春期开始，对我父亲就有很强烈的逆反、抵触、抱怨之情。如此这般，父子心灵间阻隔的冰山，令我感受不到父亲真挚的关爱和时时刻刻的牵挂，令我不愿与父亲坐下来喝杯功夫茶，令我不能与老爹心平气和地说句话。

　　如此不和谐的父子关系，持续了好多年。

　　一直到我29岁那年，我自己的儿子呱呱落地，突然之间，我也成了父亲的角色。刹那之间，我对我的儿子自然地、天然地就有了一份沉甸甸的责任感。从儿子出生的那一刻起，我对我的儿子自然地、天然地就有了时时刻刻的关爱与牵挂。

俗言不俗：养儿方知父母恩。

此时此刻，我才静下心来扪心自问：我，也是我父亲的儿子啊，从我出生的那一刻起，我的父亲不也如此地一刻不停地关爱、牵挂我吗？

此时此刻，我才注意到了我父亲的面容已如此沧桑。

此时此刻，我才意识到是我以前不懂事，对我的父亲要求太高才导致对父亲的反感、抵触与抱怨。

此时此刻，我与父亲之间的冰山，刹那间消融。

此时此刻，我才开始能与我的父亲和谐温馨地喝杯茶、聊聊天。

此时此刻，我就顿悟了以后如何去建立我与我儿子的亲情关系。

同为家庭成员间的关系，父子关系如此，婆媳关系雷同。

在我的心理门诊，有很多当婆婆的，因为长期对儿媳有诸多的不满意而焦虑、抑郁、失眠。每当此时，我对这些郁闷婆婆的疏导要点为：

"对80后、90后出生的孩子别要求太高，她是娇生惯养长大的一代，她自己还没长大呢就结婚生子了，她能做到这些就算不错了，您不能按照您当年当儿媳妇时的标准来要求她。"

如此疏导几次，这些婆婆也就真正心平气和地明白了我的意思：

确实不能对儿媳妇要求太高!

在我的心理门诊,有诸多的产后抑郁的媳妇,因为对婆婆有太多的看不惯而焦虑、抑郁、失眠。每当此时,我对这些愤懑产妇的疏导要点为:

"您是有文化有涵养的现代女性,而您的婆婆是苦日子里过来的,不要对您的婆婆要求太高,您要做个像薛宝钗那样的聪明女人,平和地、圆融地处理好婆媳关系。"

如此疏导几次,这些年轻的产妇也就明白了:

婆婆这一辈子也不容易,不能对她老人家要求太高!

我,作为心理医生,衷心希望大家都能聪明地对待自己的每一位家人:

别要求太高,善待宽容每一位家人,一团和气地过好温馨、欢乐、祥和的每一天。

老年人要有良好的生物钟

　　我的老爹自从 16 年前脑出血住院后，遗留下行动蹒跚及思维简单的后遗症。

　　因为我老爹在年轻时就脾气正直且倔强，平时经常急躁生气，而心身一体，心血管就随之时常收缩紧绷，久而久之，心血管就变得僵硬脆弱，某一天，必然导致脑血管突然破裂。

　　老爹出院后，作为儿子的我，一直唯恐老爹再次发生脑出血，而作为心理医生的我，内心深知：

　　避免老爹再次发生脑出血的治本之策，就在于改变老爹的不良个性。

　　因此，情急之下，我不断"耳提面命"地给从教师岗位退休的老爹灌输新的人生理念："穷则独善其身，达则兼善天下！您现在什么事也别管,什么事也别急躁! 您现在,能照管好自己,能保持自己放松健康,不让孩子挂念您,就是给孩子、给国家造福了。作为老年人,您一定要保持一个良好的生物钟:几点睡觉,几点起床,几点喝茶,几点活动,都要卡着点去做。只要您保持心平气和,只要您保持一个良好的生物钟,您的内心就没有波澜,您的身体就没有波澜,您的身心状况就会天天这样,您的身心状况就会年年这样,您就会健康长寿。"

古语言:大病,而后有大悟!

老爹大病一场,从死里走了一遭,变得平和、豁达多了,对我的"心理疏导"也几乎"言听计从",很快就养成了一个很好的生物钟。不管家里有什么客人,只要到了他睡觉的时间,他总是一摆手:"我到了休息的时间了,我得去歇着了,别管我,你们忙你们的就行!"

如此这般,逝水流年,一晃,16 年过去了,我老爹的生物钟保持得越来越好,我老爹的身、心就一直比较健康,就验证了我总结出来的老年人必须要保持一个良好的生物钟的重要性:

只要心平气和地保持一个良好的生物钟,人就会天天这样,年年这样,就会自然而然地健康长寿。

谨以此文,献给天下所有的老年人——诚愿天下所有的老年人都心平气和地保持一个良好的生物钟。

后 记

老年人，已经"退出江湖"，一定要明白"独善其身即可"，少管事，少烦劳，多研究研究养生之道。

一个人，不仅仅是为自己活着

一天，一位喝药自杀未遂的 45 岁女士，在朋友的介绍下来到我的心理诊室。

从该女士进门到寒暄坐定，我观察到该女士的非言语表达为：

没有愁眉不展的神情，没有沉重的步态。

故而，我初步判定该女士的病症应当不是"内源性抑郁症"。

我温和地、直指人心地问她："您在生活中，应当是有一些客观的现实压力吧？"

"嗯，我的命太苦了！我的丈夫……。他令我长期郁闷，以致久郁成疾。因自身免疫力下降，我前几年患上了风湿病。但是，因为内心麻木了，我也懒得治疗，关节变形了。我的 16 岁女儿也很不听话……因此，我感觉我生活中的各个方面，都太失败了，都看不到任何的希望，唯有绝望自杀以求得解脱。"该女士淡然地诉说着曾经巨大的苦痛，就像是在诉说别人的故事。

"哦，我很理解您的心情。但是，您想过没有，如果您自杀成功了，在这个世界上，受打击最大的，就是您那未成年的女儿。那样，您那不听话的女儿可能就真的完了！"我予以心理疏导。

"嗯，您分析得太对了！当时，我被医生抢救过来，我女儿跪在我的床前，大哭着说：'妈妈，您怎么能这样做呢？不论您站着、躺着，只要有您在，您就是俺妈，俺就有妈，俺的心里就踏实……'"谈到骨肉相连的女儿，该女士情不自禁地痛哭流涕，再难控制。

一天，东营的一个17岁高二女生，因"情绪低落、厌世失眠两周"在亲戚的建议下，专程从东营来找我做心理咨询。

该女生向我哭诉的一个细节为："前天晚上，我的自杀念头很强烈，脑子里充满了从窗子跳出去就解脱了的念头，如果不是父母白天和我说'如果你死了，我们也不活了'，我早就从窗子里跳出去了！为了那么疼爱我的父母，我就那么在卧室的地板上痛苦地坐了整整一个晚上！因为我不敢站起来，我怕一旦我站起来，就立即被窗户吸引过去了！"

哦，是父母对她的真切疼爱，令她那天晚上费力地打消了弃世的念头！

在我儿子呱呱落地的那一刻起，我的内心立即就产生了抚养儿子的强烈责任感,不再像以往那般彪悍,内心始终有一个声音在警醒自己:如果你打了人家或人家打了你,你就出事了,那么,谁能替代你把你的孩子养大成人呢?

我亲爱的母亲,1998年罹患胃癌。当时,母亲时常哭诉的唯一遗憾是:"我这一辈子的任务,就差没给你看孩子了,你快要孩子,我只要把你的孩子看大了,什么时候死,我都无所谓了!"

后来,是母亲强烈的给我看大孩子的信念,令她忘记了自己,忘记了病痛!给我看大孩子后,她的心态更平和了:"我今生的任务完成了,我现在是活一天赚一天,活一年赚一年,何时走,随老天爷吧!"

结果呢,母亲的胃癌经过治疗后完全康复了。

故而,一个人,在这个世界上活着,不仅仅是为了自己,还为了有直系血缘关系的血浓于水的父母、子女,还为了那些没有血缘关系的关心爱护自己的亲朋好友。

故而,一个人,不论世事看似多么艰难,都必须要勇敢地活着,放松地活着,精彩地活着!

因为,您活着,不仅仅是为了您自己!

一个人,只有真正明白了"好好活着,不仅仅是为了自己",才会真正做到:

珍惜、珍爱自己的生命,

珍惜、珍爱别人的生命!

才会真正成为一个珍爱人类生命的"善人"!

奇怪的梦

一天上午，一位穿着考究的 63 岁女士，在她朋友的建议下来到我的心理门诊就诊。

该女士的主诉：持续头昏、胸闷、失眠四年余。

因家境殷实，该女士近四年来，一直辗转在泰安、济南、北京的多所大医院就诊，一直未查出问题，尽管服用了多种中、西医药物，却从未见效。

我初步判断该女士的"头昏、胸闷"是典型的心身症状，但是，该优雅女士却坚持认为自己在经济、家庭等方面均无压力，坚持认为自己得的是实病。

我的咨询策略：当患者在意识层面有阻抗时，我不与其做无意义的无效的辩论，立即就转而寻求潜意识层面的无抵触技术。

　　故而,为了探寻她内心深处压抑的心结,我让她回忆回忆近期做的一些印象很深刻的梦。

　　不承想,我如此一问,立刻引发了该女士的浓厚兴趣:"哎呀,我近期连续做了几个很奇怪的梦。我梦到了早已经去世几年的一对很熟悉的夫妇……"

　　我边听边思考:她这是典型的抑郁症的噩梦梦境。

　　于是,我问她:"您近期感觉活着没意思吗?"

　　"嗯,嗯,我难受了四五年了,总也查不出病,总也治不好,我也真是受够了罪了,近一个月,时常有活够了的想法。"该女士不假思索地回答道。

　　该女士为何会清晰地梦到死去的熟人呢?

　　用现代心理学的潜意识理论解释为:

　　人的潜意识,是非线性的、混沌的、模糊的思考模式,遵循"相近即相同"的原理。该患者的熟人夫妇,是先后罹患肺癌、胃癌去世的。那对夫妇去世前,该女士多次去探望陪伴,所以,那对夫妇去世前的忧愁痛苦的样貌深深地印刻到该女士的潜意识里。而今,该女士身体的痛苦与忧愁的内心,与那对夫妇去世前的身心状态很相似、很相近,故而,她的潜意识就会"聪明"地联系到那对夫妇,令她在梦里与那对夫妇"相遇"。

　　我简单地给该女士讲解了一下她的梦境,该63岁女士临走时,高兴地向我拱手作揖:"今天真的来对了!多谢朋友推荐我来找您,等我好了,一定好好谢谢您!"

家庭关系，是非线性的模糊关系

一天，一位 30 岁出头的女士来心理门诊咨询家庭关系问题。

该女士，自幼长相美丽、惹人爱怜，家境也很殷实。因为她的家长们没有生活的压力，就把关注的焦点都放到了小女孩身上，对该女士自幼绝对是标准的宠爱有加。故而，该女士在婚前一直在温室中长大，没有磨炼出灵活的人际交往的技巧。

婚后，她就真正离开了万分疼爱自己的娘家人，就真正开始了与婆家人朝夕相处的现实生活。然而，因为缺乏良好的情商，因为缺乏灵活恰当的人际交往能力，该女士与婆婆、公公及丈夫交流时，总是不合拍，总是对任何问题非得争论出一个是非曲直才肯罢休。

结果呢？

她与婆家人的人际关系总是充满火药味,很少有温馨和谐的家庭氛围。

这种貌似水火不容的冲突关系在该女士生了儿子后迅速达到了顶峰:刚生完儿子五天时,婆婆、公公搬出去住了;刚生完儿子半个月时,丈夫也逃出了家门。从那时候起,该女士就无奈地带儿子回到了自己的娘家,一直住到现在。

该女士,智商很高,思维能力、表达能力均很强,大道理讲得头头是道,也很明白自己的问题在于"太较真、太苛求",但是,当面对婆家人时,就是做不到心平气和。

该女士之所以有以上困惑及现实的不顺利,是因为她把家庭关系看成了一板一眼的"线性关系",凡事必须要争出个是非曲直。

然而,俗言不俗,自古就有"清官难断家务事""公说公有理,婆说婆有理"的复杂纠缠的非线性的家庭关系,所以,该女士以"线性"的眼光去看理应是"非线性"的家庭关系时,肯定是矛盾冲突的。

该女士的大道理讲得天花乱坠,为何现实中却做不到融洽和谐呢?

因为,"实践出真知"! 她所说的都是纸上谈兵而已,尽管道理很正确,但是,不能灵活运用到复杂微妙的模糊的现实生活当中去。

当然,任何事情都不是绝对的,如果,该女士遇到一个内心特别强大而又深爱她的丈夫,就会理解、包容该女士的一切缺点,把该女士的较真、恼怒等情绪在不知不觉中化解掉，从而在很短的时间内让该女士感觉到有了可依赖的强大的臂膀，就会在丈夫大海般宽容的气场里，自然而然地使烦躁不安的心灵沉静下来，逐步变得温和、温柔又有涵养。

故而，家庭关系，是非线性的模糊关系，有时需要恰当抗争，有时需要合理认同，有时需要看心理医生。

您的心里只有您自己
——致"被离婚"的男士

　　一天,一位 39 岁男士眉头紧锁地步入我的心理诊室,坐下后连连叹气,一言不发。

　　相由心生——我观察到他的额头上有几道粗深的皱纹,他的两腮肌肉明显地透露出几分凶气,就推测此人平时肯定比较暴躁易怒。

　　于是,我轻柔地说道:"把您的问题说说吧。"

　　此君深深地叹了口气,简单而快速地回答:"失眠,心烦!"

　　"您遇到什么不顺心的事了吗?"我继续和缓地问道。

　　从心理学上讲,当患者深陷在这种浓浓的郁闷情绪里时,他对别人的自我设防就比平时减弱了很多。此时,在心理医生的恰当引导下，患者就很容易闷着头把自己平时压抑的情绪一股脑地全部倾泻出来。

原来，此君的媳妇坚决与他离婚已经半年多了。那么，他为何"被离婚"了呢？

原来，此君婚后一直在外地工作，一两个月才回家一次。他头脑里的狭隘意识令他一直固执地认为"男人只要挣了钱给媳妇就是最大的成功"，所以，从来不知道对媳妇嘘寒问暖，从来不参与教育引导儿子，从来不平和地处理媳妇与母亲之间的冲突。他与媳妇讨论问题时说着说着就会控制不住地发火，就好像与媳妇是名副其实的没有共同语言一样。儿子已经13岁了，因为爷爷奶奶的娇惯溺爱，不但在家里装疯卖傻地胡闹，在学校也越来越任性撒泼，早已被学校勒令催促转学几次了。

离婚半年来，此君更容易急躁发火了，儿子受其烦躁情绪的感染，也更加顽劣难驯了。

我对其简单疏导："您当初虽然结了婚，但是，因为您的心中只有您自己，所以，您就时刻以自我为中心，不去换位思考别人的感受，不去设身处地去思考别人的需求，就没有做到主动去关心呵护妻子，就没有做到主动去关爱引导儿子，就没有很好地处理好婆媳关系。因为您缺乏自我反思，所以，随着您年龄的增长，您的心智却没有随着成长、成熟。您的心理年龄还是停留在结婚时的生理年龄段，所以，您就容易生气发火。而愤怒是无能的表现，时常愤怒，就说明了您看问题的角度太少。您的妻子与您结了婚，本来想拿您当安全的靠山,想拿您当温馨的港湾,然而,她非但得不到想要的东西,反而需要承受您的粗暴吵骂,甚至反而需要像哄孩子一样再去哄生气发火的您。这样时间长了,哪个妻子会忍受得了? 所以,当下,您必须静下心来,先反思完善自己,然后,再考虑教育引导孩子,再考虑再婚的问题。否则,您的生活会更乱,即使再婚,因为您的心里只有您自己,还会离婚的……"

　　一天,下午快下班时,一位33岁的有些酒气的男士步入诊室。他因为妻子坚决与他离了婚而郁闷喝酒已经一个月余,在别人的建议下方鼓足勇气来咨询。

　　我予以疏导:"您应当像个男子汉大丈夫! 离婚并不可怕,可怕的是您不反思自己,而是一味地靠喝酒麻醉自己以盲目地逃避现实。您的心里不应当只有您自己,不应当仅仅站在您自己的立场去考虑问题而指责妻子,必须换位思考别人的感受……"

丈夫是家里的定海神珍

一天下午，一位 38 岁男士独自来心理门诊，咨询关于他儿子不听话的问题。

他的儿子今年 13 岁，在某中学上初二。近 10 个月来，他的儿子明显表现得越来越烦躁易怒，越来越不听父母及老师的话，对父母越来越逆反违拗，很多时候甚至对父母还骂骂咧咧的，学习成绩也是越来越差，对父母及班主任的教导也是越来越置若罔闻。

在该男士愁眉不展地诉说时，我观察到他的手上长了几个"疣"，于是，等他一口气把儿子的毛病倾诉完后，我没有接他的话题探讨他的儿子，而是平静地对他说："看您手上长了几个疣，这些疣是病毒感染所致，是身体内在免疫力下降的表现。而心情烦躁郁闷就会令身体免疫力下降，您的内心近期应当不是很平和吧？"

该男士听后,情不自禁地把眉头皱得更紧了,连连叹气不已!

该男士说他是做生意的,这两年,经济萧条,生意日渐不景气,压力越来越大。如此一来,他内心的烦躁郁闷就越来越严重。在家庭内部呢,夫妻俩一直想生二胎,而妻子就是怀不上孕,以致妻子也是天天烦躁,导致夫妻俩不时因为"无名火"吵架,越吵越没有心情要二胎,越吵越烦躁。近10个月来,儿子表现得也越来越烦躁易怒了。所以,一家三口都成了"烦躁哥",天天都烦烦的,都容易突然爆发"无名火"。该男士感觉在家里烦,在外面也烦,真不知如何是好了。

该男士此时已经不再关注儿子的问题,转而尽情地倾诉他自己的诸多压力及烦恼了。

我通过观察他的穿着打扮及言谈举止,判断他应当是做小生意的。于是我问道:"您的生意有多大啊,就让您如此烦躁郁闷?您看看人家李嘉诚的生意多大啊,也没有您如此愁苦吧!事实上,您内心越烦躁,您的气场就越差,您的人气就越差,您的生意就越做越窄。宁静而致远——对于您的生意方面,您必须先静下心来,仔细地反思总结一下症结所在。或者,旁观者清——让水平高的亲朋好友以旁观者的角度帮您分析分析您的生意……

"对于您妻子的烦躁问题,因为女人天性就比较感性脆弱,内心缺乏安全感,所以,在婚后,妻子需要感受到丈夫的坚强与平和才会内心踏实。而事实上,作为丈夫的您,让她感受到的却是脆弱与烦乱，她肯定就会比您更加烦躁不安。

"对于您儿子的烦躁违拗问题，初中时期的孩子，正处于个性培养的最佳可塑期，父亲的沉稳、阳光、豁达等素质，对孩子有强大的耳濡目染、潜移默化的榜样作用。而情绪也具有感染性、传染性，久而久之，您的烦躁易怒，就令儿子有意无意地也学会了。而您孩子的学习，恰恰需要心平气和地进行。所以，您的儿子就因为烦躁而不能静心学习，学习成绩肯定下滑，成绩下滑就更烦躁……"

现代心理学认为：孩子出了问题，结果在孩子身上，原因在家长身上！

社会常识认为：环境造就人，环境改变人！

因此可以得出结论：

先有了问题家长，而后才会有问题孩子；先有了不良的家庭环境，而后才有了有着不良个性的孩子。

因此，对该男士的咨询，我并没有顺着他的话题去探讨违拗对立的孩子，而是让他明白：丈夫是家里的定海神珍。

丈夫静则妻儿静，

丈夫烦则妻儿烦。

害怕什么来什么

一天,一位 45 岁男士在其侄子的督促、陪伴下来心理门诊就诊。该男士的主诉:心烦、乏力、绝望、厌食、厌世三个月。

该 45 岁男士家住济南地区的城乡接合部,生育了一儿一女,大女儿 14 岁,小儿子 4 岁。从年轻时起,该男士就一直以贩卖水果、青菜为生。以前,他做这个小生意还能勉强维持生计,近两年,随着小儿子的出生,家庭日常花销不断增加,而他贩卖水果、青菜的生意却又日渐冷清。因此,他的生活日渐捉襟见肘。

俗言:穷则思变。对于很多心思灵活的人来说,既然此路已经不通,肯定会去想方设法地改变自己的"财路",去灵活地改行做别的工作。然而,该男士偏偏认定了自己除了会干点儿贩卖青菜的小生意,其他工种都不会做。因而,因循守旧之下,他挣钱的压力与日俱增，内心的郁闷也日渐增加。

如此这般，他必然久郁成疾。四个月前，年仅 45 岁的该男士突发脑梗，出现左眼视力模糊。他经紧急住院救治，恢复良好，没有留下明显的后遗症，对他的社会功能也几乎没有什么影响。

然而，从患上脑梗的那一刻起，该男士就开始悲叹自己的命运不好，祥林嫂般反复絮叨地对别人说："真是怕什么来什么！本来就缺钱，这下住院又得借钱……。身体垮了，更没有挣钱的资本了！这个老天爷，真是越渴了越给盐吃……"

出院后，尽管身体恢复良好，而他却越发郁闷了，不时怨天怨地，不时自怨自艾！他越想越对未来充满了绝望，出现厌食、厌世的情况，再也没有勇气与信心去做事挣钱了。

希望，是一个人不断向前奔行的动力！故而，我尽力指出诸多他未来人生的希望：

家住城乡接合部，面临开发，以后必定会分几套房子；最差也可以干个保安，一个月也能挣两千多元；女儿已经 14 岁，再过几年，就可以帮助父母分担家庭责任了；国家的低保及困难补助会越来越好……

后来，他苦笑着让我回答他唠叨了千万遍的那句话："为什么越怕什么，偏偏就越来什么呢？"

我笑答："您越怕的那些事情，越是您比较担心的事情，越是您生活中很可能会发生的事情。对这些事情，当您只是一味地害怕时,就会整天因之惴惴不安,无心做事。时间稍久,这种担心就会耗损您的身体健康,就会消磨您的斗志,从而让您身心俱损,更无力对抗那些担心的事情,那些事肯定就会来了。"

越固执的老年人越难与儿女共同生活

一天，我的心理门诊来了一对头发花白、精神矍铄的老夫妻。

老爷子很豁达，开门见山地诉说他今年 81 岁了，是某市级医院的退休外科主任，他的医术、医德在当地百姓中口碑很好。他有三个女儿，大学毕业后都留在外省或外市了，一个留在老家身边的也没有。一个月前，老两口应邀到小女儿家住一段时间享享福。没承想，从来到小女儿家的那天起，老爷子就开始生气，在小女儿家住了整整一个月，就生了整整一个月的气，因为感觉实在是气得受不了了，今天来咨询咨询心理医生。

原来，该老爷子是一个特别正直、特别有自控力、特别较真的好同志。他从不抽烟、喝酒、打牌，他的饮食、锻炼也特别讲究科学,所以,他的身体保养得很好,尽管81岁了,听力、体力、身材、气色等均很好。

因为该老爷子很强势,所以,他老伴就必须听他的,所以,老伴一直随着他的生活节奏,在饮食、锻炼等各方面也都很有规律,也一直很健康。

一个月前,当他来到女儿家,真正与女婿在一个屋檐下朝夕相处时,立即就发现了女婿的诸多"缺点":抽烟、喝酒、溺爱孩子、不锻炼身体、不看书……

面对女婿的诸多"缺点",生性耿直、强势、善良的他,一心想把女婿"改良、改造"好。

而女婿呢?

作为典型的土生土长的山东汉子,女婿从不认为那些习惯是坏的,仍然我行我素地抽烟、喝酒、溺爱孩子。该老爷子呢,就固执地认为那是女婿故意气他,以至于只要看见女婿,就觉得不顺眼,就觉得不顺心;只要看到四岁的外孙女没有家教,就感觉胸闷、气短。

如此"忍气吞声"了一个月,老爷子感觉一天也不能在女儿家待下去了,如果再待下去,他非崩溃了不可,于是,就一心想回到浙江自己的家。

小女儿非常想挽留自己的老爹、老妈在自己家里多住几天,于是,就建议老爷子到心理门诊来找我咨询咨询。

我予以疏导:"您与您女婿都是实在人,都没有坏心思,都是好同志。您与您女婿的差别在于个性与生活习惯的不同。您对您女婿的要求很正确，出发点很好，但是，您女婿生在泰安、长在泰安，他从小到大沿袭的都是泰安的风俗习惯，所以，他不认为那些都是坏习惯，他也就不会改变，而他这样做，并不是有意气您。老人与孩子是两代人，世界观、人生观、价值观有很大的不同，别说您是南方人，就是我们本地人，两代人也很难生活在一套房子里。最好的方式，还是老人只要能自理，就自己过，什么时候不能自理了，再与孩子住在一起。"

这位固执、正直的老爷子听后，激动得站起来与我握手不止。

一天上午，一位80岁老太太来咨询问题。

她是从泰安某县级医院退休的护士长，自诉年轻时就很强势，为人处世没有人说她孬的。她只有一个儿子，今年53岁，在广州工作。

以前，老太太一直与老伴在泰安自己的家里居住。去年，老伴去世后，唯一的儿子就把她家里的房子卖掉了，热心地把她接到广州安享晚年。

真的与儿子一家住到一起后，她立即就发现自己怎么也看不惯儿子一家人的衣、食、住、行，尤其看不惯她的儿媳妇。

于是，就出现了她在儿子家住一天，就会生一天的气。生性好强的她，一气之下，离开广州，回到泰安买了一套房子，于一个月前独自搬进了泰安的房子里。

然而，真的自己住了一套房子之后，老太太发现自己的内心还是不舒畅,因为她发现自己一个人太孤独了,晚上总是担心自己在这套房子里去世了也无人知道。所以,她内心总是郁闷,总是会在半夜三更醒了以后就再也难以入眠,如此一来,很快就焦虑抑郁了。

故而:越固执的老年人越难与儿女共同生活。

对于老年人,吾之忠言:

有吃、有穿、有住就行了,管好自己就行了,没事晒晒太阳、喝杯茶,没事研究一下如何通过食补养生,糊涂快乐地过好自己余生中的每一天。

哀莫大于心死

一天上午，我到病房会诊了五个病人，其中，有三个病人感觉活着没意思，绝望自杀的念头比较重。

这三个病人，都感觉不到活下去的乐趣与意义，都不怕自杀的"身体死亡"。很明显，他们已然是"心死"了。当时，我的脑海中就浮现出《庄子》里的名言：

哀莫大于心死，而人死亦次之！

第一个病人的症状是：头痛，出虚汗，高兴不起来，乏力，对什么都不感兴趣，睡觉时惊恐，睡不沉，食欲下降，不愿出门，不愿见亲戚朋友。

我对该患者疏导道："您的内心肯定有纠结，而摩擦生火，这些纠结在您的心里面反复摩擦，令您产生了心火，就会令您在安静时出虚汗、头痛……。那么,您的压力是什么呢?"

原来,这个病人家境殷实,对儿子特别溺爱,六年前,儿子读大学时,在别人的"诱惑"下开始不走正路。两年前,当患者于偶然之际发现儿子不走正路时,当即震惊得瞠目结舌。之后,儿子不走正路就成了患者的心病,他感觉再挣钱也没有意义了,感觉再活着也没有意思了。

第二个病人的表现是:嗝气,头脑不清醒,背部疼痛,胸闷,入睡困难,食欲下降,感觉活着没有意思了。

我对该患者分析:"您肯定生气了,您的难受是典型的生气的表现,把闷气压在了心里,形成了心理疙瘩,自己没有化解开,就会一个劲儿地嗝气。"

原来,该患者于半月前被别人骗走了10万元人民币,因此郁闷不安,气得要死。

第三个病人的症状是:感觉全身都坏了,没有一丝食欲,没有一丝力气,讲话声音特别小,全身说不清楚地难受,一心想死,拒绝治疗。

该患者是一个胃癌的术后病人,术后放、化疗的痛苦令患者知道了自己患的是胃癌。从那刻起,患者心头压力巨大,感觉全身都长满了癌细胞,坚信自己活不长了,时时刻刻生活在自设的、痛苦的煎熬中。

该患者回答:"我就是想死,我不害怕死,但是,我害怕一天天如此痛苦,还不如死了解脱……"

　　这三个病人的"不怕死"，并不是佛家的"看破生死"，而是因为太执着于"自我心理的面子"或太执着于"自我肉体的痛苦"而不敢面对现实，然后，企图通过自杀以逃避现实。

　　一个人，一旦"心死"了，就没有了"勃勃生机""盎然生气"，就表现得死气沉沉，没有食欲，没有力气，没有乐趣，没有活力。

　　一个人只要"心活"，内心就会阳光明媚、活力四射，就会扫除心灵的阴霾，就会扫除身体的疾病。

破冰技术之"释梦"

某天上午,在某亲友的推荐下,某位五旬男士在妻子的陪同下来心理门诊就诊。该男士主诉:每日半夜梦游、梦中大喊一年余。

该患者有明显的心烦、胸闷、高兴不起来、乏力等焦虑抑郁症状,但是,该男士却坚持认为自己没有压力及挫折。

我转移开他意识层面的话题,自然而平和地问:"您应当每晚都做梦吧?而且您会经常梦到死去的人吧?您把经常做的梦说说吧。"

"嗯,我确实经常梦到死去的人,但是,几乎不记得了。"该男士有气无力地说。

"您肯定有记得的梦,简单说说一些梦境内容。"我继续按照我的治疗思路引导他。

"我有次梦到遍地都是废铁，屋里屋外只有我自己，我用焊枪和废铁把屋门牢牢地焊死。"该男士幽幽地回忆。

"屋里屋外只有你自己一个人，说明你的内心是孤独的；遍地都是废铁，说明你的内心长期紧张压抑，本来柔软的心已经僵硬如铁；你自己用焊枪和废铁把屋门牢牢地焊死，说明你主动地把自己的心扉紧紧地关闭了。"我平和地给他释梦道。

"我经常梦到在天空飞，前天我梦到自己从四楼的窗户飘出去了。"该男士继续缓缓地回忆。

"经常梦到在天空飞，说明您经常逃避现实；四的谐音是"死"，从四楼飘出去就是企图自杀而死。"我对该男士继续释梦，以通过潜意识明白他真实的内心。

如此释梦，我的水平立即赢得了该男士的信任，然后他痛快淋漓地倾诉了自己的真正的大压力。

帮助别人，快乐自己

　　张海迪，于儿童时期不幸高位截瘫，一度郁闷不已！然而，当她能够为别人针灸治病时，她立时变得阳光快乐起来。

　　一次，心理学奇才米尔顿·艾瑞克森到美国中南部的一个小城讲学，一位同僚要求米尔顿·艾瑞克森顺道去看看他那独居的姑母。

　　同僚说："我的姑母独自居住在一间古老的大屋里，无亲无故，她患有极重的忧郁症，人又死板，不肯改变生活方式，您看看有没有办法令她改变。"

　　米尔顿·艾瑞克森到同僚的姑母家去探访时，发觉这位女士比形容中的更为孤单：她一个人关在暗沉沉的百年老屋内，周围找不到一丝一毫的生气。

米尔顿·艾瑞克森是一位十分温文尔雅的男子，他很礼貌地对这位姑母说："您能让我参观一下您的大房子吗？"

于是，姑母带着米尔顿·艾瑞克森逐次到一间又一间的房间看了看。

心理学大师米尔顿·艾瑞克森真的是要参观她的老屋吗？

那倒不是，他是在努力寻找一样东西。

在这位老婆婆的毫无生气的环境里，他想找寻一样有生命气息的东西。

终于，在一间房间的窗台上，他找到几盆小小的非洲紫罗兰——这所大屋内唯一有活力的几盆植物。

姑母说："我没有事做，就是喜欢打理这几盆小东西，这一盆已经开始开花了。"

米尔顿·艾瑞克森说："好极了！您养的花这般美丽，一定能给很多人带来快乐。您能否打听一下，城内什么人家有喜庆的事，结婚、生子或生日什么的，然后给他们送一盆花去，他们一定会高兴得不得了。"

姑母真的依米尔顿·艾瑞克森所言，大量种植非洲紫罗兰。之后，城内几乎每个人都曾经受惠。

不用说，姑母的生活大有改变，本来不透光的老屋，变得阳光普照了，充满了色彩鲜艳的小紫花。一度孤独无依的姑母，变成了城市中最受欢迎的人。

在她逝世时，当地报纸的头条报道：

全市痛失我们的非洲紫罗兰皇后！

几乎全城人都去送葬，以回报她生前的慷慨无私。

约翰·洛克菲勒，在 33 岁时，赚到了他的第一个 100 万美元。在 43 岁时，他组建了当时世界上最大的垄断集团——标准石油公司。那他 53 岁时，又有什么惊人之举呢？

不幸的是，那时，他却成了忧虑的俘虏。

多年过分紧张焦虑的生活，摧毁了他的健康。为他作传记的温格勒说，他 53 岁时活得像一具四肢僵硬的木乃伊。

洛克菲勒的身体，原本十分健壮。由于从小在农庄长大，他的肩膀又宽又壮，腰杆笔直，步伐坚定有力。然而不过才 53 岁，大多数男人的壮年期，他却双臂下垂，步履蹒跚，患上了严重的消化功能紊乱症，致使其毛发不断脱落，连睫毛也未能幸免，最后只剩下几根稀疏的眉毛。

温格勒说："他的情况很糟糕，有段时间只能靠喝酸奶活命。"

另一位传记作者说："当他照镜子时，看到的是一位行将就木的老人。"

看似永无止境的工作、过多的烦恼、体力过分透支、经常性失眠，让他付出了身体健康的巨大代价。

彼时，虽然他是世界上最富有的人，却只能吃些连穷人都不屑一顾的简单食物。

彼时，金钱，已不是万能的！！！

他在 53 岁被迫退休后，在心理医生的建议下，开始替别人着想，平生第一次不再想着如何去赚钱，而开始考虑拿自己的钱去换取他人的幸福安康。

简而言之，洛克菲勒开始将自己的巨额财富有目的、有计划地捐献出去。但有时候这样做也并非易事，比如当他把钱捐给教会时，全国的传教士一致反对，说他的钱是"肮脏"的。但他不为所动，继续捐献。

当他获知密歇根湖畔的一所学校因资不抵债而行将倒闭时，便拿出几百万美元，将其建成了举世闻名的芝加哥大学。他还帮助黑人，资助黑人大学的建设。他还出资消灭钩虫等等。

1913 年，"洛克菲勒基金会"成立，该基金会的宗旨是：促进全人类的幸福！其致力于在全世界消灭疾病与无知。

洛克菲勒深知世界各地的一些医生在潜心研究治疗某种疾病的方案，而这些人很可能因资金不足而被迫中途放弃。因此，他决定资助这些人类的先驱者，助其完成研究。

今天，我们应该为青霉素及其他数十种在其资助下完成的发明而真诚地感谢洛克菲勒。

以前儿童患有脑膜炎，死亡率在 80% 以上，现在小孩子们不再受此病的威胁，其中也有洛克菲勒的功劳。

洛克菲勒自己呢，他捐出巨额财富后，是否已获得心灵的平静呢？

不错，他终于得到了精神上的满足。

洛克菲勒变得非常快乐，他完全改变了自己，没有什么烦恼可以再来困扰他。

53 岁时,他因自私、焦虑差点儿死去。53 岁以后,他开始无私地、真诚地帮助别人,帮助全人类,从而获得了内心的平和、宁静。在 1937 年,比自己的 20 位私人医生都长寿的洛克菲勒离开人世,终年 98 岁。

作为心理医生,我在我的儿子幼年时,就有意识地给他创造帮助我及别人的机会,然后适时地、恰当地夸奖他。结果,儿子养成了积极、乐观地去帮助别人的习惯,在成长的过程中赢得了很多认可与友情,变得性格开朗、阳光活泼。所以,学会助人,有利于培养孩子的良好情商。

作为心理医生,很多时候,我也会故意让我的病人帮我一个忙,以瞬间拉近我们之间的心灵距离。

作为心理医生,更多的时候,我会鼓励我的病人积极主动地去劳动、去工作,不为了挣多少钱,只为"付出才有快乐"。

故而,帮助别人,可以让我们有优越感、成就感、自豪感,进而,就会自然而然从内心深处生出存在感、快乐感、幸福感。

故而,

助人方有快乐,

助人方有朋友,

助人方有健康,

助人方有福报。

后 记

一个心理医生，如果能够做到像心理学奇才米尔顿·艾瑞克森那样洞悉人性，他的心理治疗就没有了固定的、刻板的、教条的模式，而变得简单、灵活、易行。

故而，只有自己先修炼好，才会对别人的问题做到直指人心；如果做不到洞悉人性，就会让别人越听越迷茫。

一言止恐

一天，我去参加好朋友约的晚宴，在餐前常规的打牌时间，推门进来一位客人。寒暄介绍之时，该客人热情洋溢地握住了我的手，说："我认识你，我父亲去年住院时，压力很大，你给他会诊时，我就在旁边，你问他'老爷子，您今年多大年龄了'，我父亲说'75岁了'。你又问他'您今年75岁了，还害怕什么呢？得什么病也没必要害怕了。生死有命！您就轻松快乐过好每一天地活着，何时走就坦然地走呗，二十年后又是一条好汉！'你说完后，我父亲的情绪就放松下来了。所以，我对你的印象特别深刻。"

境由心造。

两年前，我去心内科会诊了一位67岁的老爷子，该患者在北京阜外医院很成功地安放了一个心脏支架，半天前从北京返回了泰安的家中。令家人都意想不到的是：他刚回到家，立即就因为感觉心脏很不舒服而躺到床上不敢动了，吃喝拉撒都在床上。无奈之下，家人一大早就又把他送到我们医院来了。入院后，未查出任何问题，但是，该老爷子就是感觉心脏特别不舒服。

我轻声问该老爷子有何压力，他愁苦地回答："担心安放的心脏支架会掉下来。"

"呵呵，老爷子，您太多虑了！这个支架，别说掉不下来，就是想取出来都极难。您尽管活动就行。咱为什么安放支架啊，就是为了很好地预防心肌梗死，为了更放心地运动。现在已经很成功地安上心脏支架了，您放心地适量活动就行了。"

该老爷子顿时豁然开朗，下午就出院了。

一天，我去老年科会诊一位年逾八旬的老爷子。该患者恐惧便秘一个月了，只要大便下来，这一天就高兴放松；只要大便没有下来，这一天就焦虑不安。

我大声对该老爷子疏导道："您这么担心便秘干什么啊，您听说过谁因为便秘而死了吗？您就多喝水，多吃青菜，如果真便秘了，大不了用开塞露或喝点儿番泻叶，真不行就灌肠，没什么大不了的。

传说，长春真人丘处机，与一代天骄成吉思汗密谈了一席话，成功地做到了一言止杀。

今天，我，作为心理医生，尊崇六祖慧能的顿悟法门，力求做到一言止恐。

后 记

俗言不俗：

心病还需心药医！

人与人的相同点：

肉体都是一个鼻子两只眼！

人与人的区别点：

智慧、胆略的差别！

故有，庄子、慧能等能人能想到、做到的事，普通人只能望尘莫及、望洋兴叹。

心理整容

一位优秀的心理医生,曾成功治疗过一位"奇怪"的女性患者。

此患者两腮奇大,就像扣了两个乒乓球,内心自卑,无可奈何之下,只能用口罩掩盖出行。

该心理医生耐心问询既往心路历程,此患者很快就道出了真情:原来,她只要见到比自己好看的女人就恨得咬牙切齿,久而久之,两腮变形,到处寻医不见疗效。

该高明的心理医生告诉她,此病无法用现有的物理和化学手段去治疗,但她只要悟出一个字的道理,即可病愈,这个字就是"善"。

其具体做法是:

她每见到一个女人，都从心里诚心诚意地祝愿其长得更加漂亮，久之必有疗效。

此患者谨遵医嘱，半年之后，两腮恢复原状，脸上的横肉也消失了，变得温和而可爱。

很久以前，有一个手艺高超的雕塑家，他非常喜欢雕塑夜叉及各种妖魔鬼怪，并且雕塑得惟妙惟肖、活灵活现。

有一天照镜子时，他突然发现自己的相貌变得越来越丑了。

这里的丑，并不是说肤色和五官的改变，而是指神情与神态变得狡诈、凶恶、古怪了。尽管他遍访名医，却无人可医。

偶然的机会，他在一座寺庙里把自己的苦衷向方丈倾诉了。睿智的方丈对他说："我可以治愈您的病，但是，不能免费治，您必须先为我做一点工，为寺庙里雕塑几尊神态各异的观音菩萨像。"

雕塑家听后，坦然答应了。因为观音菩萨在中国的传统文化中是慈祥、善良、温和、正直的化身，雕塑家在雕塑的过程中就不断地研究、琢磨观音菩萨的德行言表，不断地模拟观音菩萨的慈善神情，沉浸其中，达到了忘我的境界。

渐渐地，慢慢地，他惊喜地发现他的相貌逐渐变得越来越神清气爽、端正庄严。

他万分感谢大智慧的方丈治好了他的病，而方丈却说："您的病是您自己得的，您的病也是您自己治愈的。"

故而——

眼界即是心界，

面相即为心相!

恶毒的人,眼神邪恶,满脸横肉;

善良的人,眼神温和,慈眉善目!

故而——

欲整容,必先整心!

记忆痕迹与习俗传承

这一天，是农历腊月二十三，是民间节日里的小年。每到小年这一天，因"记忆痕迹"的自然反射，我的脑海里就会浮现出母亲忙碌着扫屋的场景。

我的母亲是一个勤快干净且虔诚遵照习俗的人，每到小年的这一天，即使再忙，即使没有任何家人帮忙，即使她那天的心情很不好，她也必须要把整个屋顶及墙壁、墙角彻底打扫一遍。

每次打扫之前，母亲都会说："在我小时候，你姥娘每到小年的这一天，都会对我说，'忙活了一整年了，彻底扫扫屋顶及墙角，干净高兴地过个年'。"

哦，原来，是我姥娘每年的小年都必须打扫屋顶及墙角的场景，在我母亲的脑海里留下了深深的记忆痕迹，然后，我母亲出嫁后，每到小年的这一天，就会浮现出她母亲忙碌扫屋的场景，就会自然而然地也去扫屋。然后，从我懂事起，每到小年的这一天，我都会看到母亲扫屋的场景，就会在我的脑海里留下深深的记忆痕迹，以至于我长大成人后，每到小年的这一天，脑海里也会自然而然地浮现母亲忙碌地扫屋的场景。

哦，每年小年这一天的扫屋场景的记忆痕迹，从我老姥娘那里传给了我姥娘，又从我姥娘那里传给了我母亲，又从我母亲这里传给了我。如此，我想到：千百年来，所有的家庭习俗、民族风俗，都是这样一代一代流传下来的。故而，为了令我们的中华文明能够继续很好地传承下去，我们每个成年人，都应当像我老姥娘、姥娘、母亲那样很好地遵照习俗去做，以把习俗那天关于习俗场景的记忆痕迹，很好地一代一代地流传下去。如此，我们中华文明的习俗也就一代一代地传承下去了。

后　记

不论贫穷与富有，一年到头，把生活过得有仪式感的人，就是热爱生活的人，就是心中有希望的人，就是天天有奔头的人，就是乐观温馨的人。

仪式感，包括冬至饺子夏至面、生日、特殊的纪念日、除夕大餐、初一拜年、婚丧嫁娶等等。

宣泄领悟疗法

一天，心理门诊来了一位 53 岁男士，其独子于一个多月前突遭车祸而亡。从得知噩耗的那一刻起，他就一直是一个严肃刻板的表情，少语少动，失眠少食，全身紧张。虽然他参与了处理丧事的全过程，但没有人见过他哭泣及倾诉不幸。别人安慰他时，他也没有反应，仍然只是那个严肃神情。家人无奈之下，带其来就诊。

该病人是一个典型的"创伤后应激障碍"患者。我予以处理：

一方面进行药物治疗；另一方面，因为我们心理门诊还没有心理宣泄室，所以，我就鼓励他去儿子墓前，把自己压抑的悲伤、痛苦，完全地哭诉出来，尽情地向儿子倾诉他对儿子的怜爱及不舍。

一般而论，一个人，倾诉完感性情绪后，就会冷静下来理性思考。倾诉的过程，也是自我整理思绪的过程。在心理门诊，部分病人倾诉完了，不用我再予以疏导解释，自己就明白了困扰自己的事情的原委。这个时候，心理医生只需要静静地倾听就足够了。此时此刻，这就是最恰当的治疗方法了。

但是，有些神经质的女人，思考能力不足，尽管反复地、复制式地哭闹宣泄，哭闹宣泄完后，却没有任何认知上的改变，比如那些反复歇斯底里发作的"癔症"病人。对这部分病人，心理医生就必须在其宣泄之后，及时予以心理干预，帮其分析、领悟其自身及外界的实际情况，进而使其有自知之明。

我对其使用的是宣泄领悟疗法，这是一种从理论到实施都比较简单却又有效的心理治疗方法，大家都可以一试。

援疆心路之"难舍亲情"

与妻儿生活近 20 年，

一家三口分开的时间，

从未超过一周。

中午，

远赴新疆，

半年左右春节方回。

本来，

是想高兴地与儿子道别的，

然而，

刚说了两个字，

立即转身离去，

不能让儿子看到老爹热泪盈眶！

妻子送我到单位车上，

本来，

是想大笑着与妻子道别的，

然而，

刚说了两个字，

立即坐车走人，

不能让妻子看到一直"坚强"的丈夫的眼泪！

哦，

血浓于水的亲情，

和谐美满的亲情，

一旦长期分别，

内心的不舍，

非理性所能控制。

眼中的泪水，

非理性所能控制……

后 记

洗衣偶感

与媳妇结婚 19 年来，我一次衣服也没洗过，都是媳妇唱着歌高兴地洗衣服。

正是有了媳妇的辛勤付出，我，才有时间读书、思考、写文章、锻炼身体。

今天，抵达新疆，洗澡之后，没有人督促，我立即把换下的衣服认真地洗了洗，在亲自洗衣服时——

才真正感悟到平时谁是我家里的"免费用人"，

才真正感悟到平时谁在帮我节约时间……

援疆心路之"我在援疆，家中安好"

时光荏苒，不觉间，我的援疆时间，已经两周余；离开我亲爱的家乡，已经两周余；离开我关爱的家人，已经两周余。

在这两周多的时间里，尽管，我远在万里之遥的南疆，离开了我那温馨幸福的小家，然而，家中的诸多事务，仍然运作得井然有序，令我放心。

妻子，仍然一早被闹铃叫醒后准点起床，然后做饭、拾掇家务，照顾儿子上学后，自己再去上班。

儿子，仍然一早被闹铃叫醒后准点起床，然后洗漱、吃饭、上学去。

总之，在我离开家的日子里，家中的洗衣、做饭、购物、缴纳水电费、汽车保养、定期看望父母等烦琐事务,妻子都轻松快乐地打理得有条不紊;儿子的学习、打篮球等,妻子说比我在家时,表现得长大了,做得更好了。

为何在我离开家的两周的时间里,我的小家,仍然运行得有条不紊呢?

只因我一贯的生活理念为:

没有原则,时间长了,必会混乱!

我,长期奉行的处世理念:

做任何事情,必须坚持大的原则;与任何人相处,必须坚持我的底线。

所以,从与妻子认识的那天起,我就对妻子坚持"关爱与放手"的原则:

一方面,我本善良,肯定会尽力而为地去关爱妻子;

另一方面,我有我的"大梦想",坚持认为做家务是浪费时间的事,故而,我的业余时间,几乎都用于钻研业务、锻炼身体了。于是,我就放手让妻子持家,兼任我家的"财政部长与生活部长"。妻子的悟性很高,也很"泼辣",多年来,总是把我们的小家经营得温馨和畅,一路向上。

我对儿子呢,从他两三岁懂事起,就一直坚持的养育理念为:

其一,身体强壮第一。

从健康饮食到打篮球训练等,必须按照我说的去做,然后,从小就养成一种好的习惯,继而,好的习惯决定好的人生。

其二，情商培育第二。

主要是引导儿子主动多与同学等同龄人交往，以培养儿子的健康心理与健全人格。作为心理医生，我深知：健康心理与健全人格，是一个人长大成人的最基本标准，也是决定一个人一生的融洽感、幸福感、快乐感的基石。

其三，学习成绩第三。

因为儿子的智商属中上，而且，尽管从不勤奋，也并不偷懒，学习成绩，一直属于中上水平，所以，我从未逼迫儿子学习，让他轻松快乐地自己学习就行。

所以，我与儿子的关系一直很好，儿子也养成了较好的习惯。尽管我不在家，他仍然按照习惯去锻炼身体、进行人际交往、上课学习。

我身在南疆，一早醒来，躺于床上，内心澄明，有感而发，立即起床，草成此文。

文章最后，我想说：

儿子，好样的；

媳妇，辛苦了！

援疆心路之"援疆'不服'之事"

　　我的家乡,在孔老夫子的老家山东泰安,那是我土生土长的地方,位于伟大祖国的东部;而新疆的喀什,位于美丽祖国的西部。两者的时差:两个小时——我的家乡已经入夜漆黑了,而新疆喀什,却还艳阳高照。

　　我禁不住感叹:

　　辽阔的祖国,

　　美丽的祖国,

　　伟大的祖国!

　　远离家乡万里之遥,跨越时差两个小时,山东的援友们来到新疆已经一周有余,水土不服是肯定的,时差"不服"也是肯定的。

这里的水，碱性很大，难以下咽，而且，尤其令医生们担心的是：服用时间较长，就容易患上"结石病"。

如何解决这一令人"头疼不安"的棘手问题呢？

多亏暖心的泰安援疆前方指挥部的领导们给大家准备了桶装纯净水，立时解决了援友们的"心头大患"，令大家喝水喝得放心，有利于尽快地安下心在新疆喀什生活、工作。

在饭菜"不服"方面，泰安援疆前方指挥部的领导们，考虑得更是高明。几位厨师，都是老家泰安来的，虽然不是水平很高超的"御厨"，但是，在远离故乡的南疆，能吃上老家人做的饭菜，我们胃里得劲，心里舒服，身体健康。

比如，我们昨天喝的咸味菜叶玉米粥，都多少年没喝了，喝了一碗，顿时满满的亲切感、满满的温馨感。我们回忆起小时候菜糊豆的味道，回忆起小时候高兴地喝榆钱玉米粥的场景。

时差"不服"之事，援友们各有办法：有的努力调整新的生物钟，有的顺其自然地睡觉起床。

我是如何调整时差的呢？

在老家泰安，我一般是晚上十一点多睡，早晨五点四十起床。来到喀什，我尽量不"大动"多年来养成的生物钟，晚上十一点半准时入睡，早晨七点准时起床。如此一来，我就轻松快乐地解决了时差不服的问题。

援疆看病之"惊恐障碍"

上周的一天,一位维吾尔族妈妈陪伴她29岁的女儿来就诊,主诉:阵发性胸闷气短,恐惧,有濒死感半年余。

这对维吾尔族母女都是事业单位的工作人员,普通话都讲得很好,交流没有障碍,所以,就不用维吾尔语翻译协助我看病了。

该女士的病情为:大约半年前,因感冒发热输液,连续两次出现输液反应,经及时恰当的抢救治疗,均当即化危为安。虽然两次输液反应都有惊无险地过去了,感冒发热也彻底地痊愈了,但是,该女士却出现了"阵发性胸闷气短、恐惧、有濒死感"的症状,每次持续几分钟到半小时,发作次数越来越频繁。因为有濒死感,家人几次拨打120电话,其被紧急拉到医院急诊科后,却又查不出问题。因此,患者及其家人都郁闷不已。

因为患者有一位至亲在天津市工作，为了查明病情，患者两次不远万里、不辞劳苦地到天津最好的医院就诊，做了很多检查，结果均正常。

我一听病史，心里就大致明确了诊断：惊恐障碍。

我对该母女解释病情："您得的病，不是实病，是心理方面的惊恐障碍，然而，尽管是虚病，一旦发作起来，令您感觉比真有心脏病还痛苦，感觉就像即将死去一样。"

女儿听后，微笑着频频点头称是。

"您为何会得上这个虚病呢？与您连续两次的输液反应有关系。那两次输液反应，在您的心里留下了深刻的印记，令您在潜意识里时刻恐惧死亡的来临。这个死亡恐惧一旦累积到一定程度，您的自我意识就压抑不住了，就会冲破您的自我防御，令您出现胸闷气短等濒死体验。"我继续给她解释疾病的病理学因果关系。

"对，对，就是心里怕死！我担心死了没人照顾我的孩子，担心死了我的父母会多么伤心……"女儿激动地回应。

"您这个病的治疗，一方面是药物治疗，以尽快控制住惊恐发作的症状，但是，这只是治标；另一方面是心理治疗，以看破生死，顺其自然，这就是治本。您在天津的大医院看了两次病了，那边的医生应当会让您去看心理医生才对啊。"我继续解释道。

"嗯，第二次去天津看病时，有位医生强烈建议我去看心理医生，我也去看了，但是，那位心理医生只是让我吃药，没像您今天解释得这么明白，我就没相信是虚病，就没敢吃药。"女儿不假思索地回答道。

我暗自思忖道：哦，她在天津就已经看过心理医生了啊！这样，就更好了，该母女俩就更信服我的解释了，治疗起来就更顺利了。

很快，该维吾尔族母女就高兴地连声道谢后离开了。

援疆看病之"是奶奶'有病'"

一天上午,两个分别为 16 岁与 8 岁的维吾尔族少年,在妈妈与奶奶的陪同下来看病。

一进办公室,该奶奶就立即积极主动地坐下讲述两个孙子的病史。

我根据职业习惯,立即在心里做出评判:奶奶在家里肯定很强势,很武断,很自以为是!

因为语言不通,我请一位维吾尔族护士过来做临时翻译。

该奶奶开口就满脸得意地讲:"这两个孩子,在小时候,我带他俩都做了'舌头手术',但是,这两个孩子仍然都说话少,仍然都说话口吃。"

"哦,原来是因为两个孙子都说话少及口吃而给孩子做的舌头手术啊！而且,她还认为自己给孩子做舌头手术是聪明之举。唉,这位奶奶真是聪明过头了！"我暗中思忖道。

后来,该奶奶又说对两个孙子管教很严,规矩很多。

那位翻译护士让两个维吾尔族孩子用汉语向我做了自我介绍,结果,说话都挺好的,回答切题,讲话流畅。

于是,我予以分析指导:

该奶奶自视甚高,觉得在家里比谁都厉害,谁带孙子她都不放心,然后,就会过分关注孩子的言行,就会过分夸大孩子的过错,就会包办代替孩子的独立思考、独立表达、独立做事。

如此一来,奶奶的眼里,看到的都是孩子的过错与缺点。然而,每个孩子,都是在犯错误中成长的;每个孩子,都有自我纠错的成长本能;每个孩子,都需要有自我成长的自由空间。所以,该奶奶自以为是、自作聪明的育儿方法,严重违背了心理学规律,违背了孩子成长的自然规律。

在心理学上,像这种女人强势的家庭,叫作"功能失调性家庭"。在这种家庭里,当家女人的武断强势,把该家庭里男性成员们的强势、勇敢、张扬、阳光、风趣等男子汉个性给压制住了,令他们逐步变得懦弱、内向、退缩、阴暗、刻板。然后,该强势女人一看到他们的窝囊样就会更生气,就会在家庭里更加强势,如此这般,形成恶性循环。

故而,来诊的这两个维吾尔族少年,目前没有心理疾病,目前是比较健康的,真正"有病"的人,是他们的强势奶奶。

　　那位翻译护士,好不容易把我的意思传达给他们四口后,一家人都微笑放松地连声道谢着走了。